我们爱科学精品书系

唐猴沙猪学数学丛书

巧破魔法门

寒木钓萌／著

中国少年儿童新闻出版总社
中国少年兒童出版社
北　京

图书在版编目（CIP）数据

巧破魔法门 / 寒木钓萌著 . -- 北京 : 中国少年儿童出版社 , 2019.9

（我们爱科学精品书系 · 唐猴沙猪学数学丛书）

ISBN 978-7-5148-5570-8

Ⅰ . ①巧… Ⅱ . ①寒… Ⅲ . ①数学 – 少儿读物 Ⅳ . ① O1-49

中国版本图书馆 CIP 数据核字（2019）第 170794 号

QIAOPO MOFAMEN

（我们爱科学精品书系 · 唐猴沙猪学数学丛书）

出版发行：中国少年儿童新闻出版总社 中国少年儿童出版社

出版人：孙 柱

执行出版人：赵恒峰

策划、主编：毛红强　　著：寒木钓萌

责任编辑：吴科锐　　封面设计：森 山

插图：孙铁彬　　装帧设计：王红艳

责任印务：刘 潋

社址：北京市朝阳区建国门外大街丙 12 号　　邮政编码：100022

总编室：010-57526070　　传真：010-57526075

网址：www. ccppg. cn　　发行部：010-57526608

电子邮箱：zbs@ccppg. com. cn

印刷：北京盛通印刷股份有限公司

开本：720mm × 1000mm　1/16　　印张：9

2019 年 9 月第 1 版　　2019 年 9 月北京第 1 次印刷

字数：200 千字　　印数：1-14200 册

ISBN 978-7-5148-5570-8　　定价：30.00 元

图书若有印装问题，请随时向印务部（010-57526098）退换。

作者的话

我一直很喜欢《西游记》里面的唐猴沙猪，多年前，当我把这四个人物融入到“微观世界历险记”等科普图书中时，发现孩子们非常喜欢。后来，这套书还获了奖，被科技部评为2016年全国优秀科普作品。

既然小读者们都熟悉，并且喜爱唐猴沙猪这四个人物，那我们为什么不把他们融入到数学科普故事中呢？

这就是本套丛书“唐猴沙猪学数学”的由来。写这套丛书的时候我有不少感悟。其中一个是，数学的重要不止体现在平时的考试上，实际上它能影响人的一生。另一个感悟是，原来数学是这么的有趣。

然而，要想体会到这种有趣是需要很高的门槛的。这直接导致很多小学生看不懂一些趣味横生、同时又非常实用的数学原理。于是，趣味没了，只剩下了难和枯燥。

解决这个问题就是我写“唐猴沙猪学数学”丛书的初衷。通过唐猴沙猪这四个小读者们喜闻乐见的人物，先编织出有趣的故事，再把他们遇到的数学问题掰开揉碎了说。一开始，我也不知道这种模式是否可行，直到我在几年前撰写出“数学西游记”丛书，收到了大量的读者反馈后，这才有了信心。

去年，有个小读者通过寒木钓萌微信公众号联系到我。他说手上的书都快被翻烂了，因为要看几遍才过瘾。他还说，他们班上有不少同学之前是不喜欢数学的，而看了“数学西游记”丛书后就爱上了数学。

因为读者，我增添了一份撰写“唐猴沙猪学数学”的动力。

非常高兴，在《我们爱科学》主编和各位编辑的共同努力和帮助下，这套丛书终于出版了。

衷心希望，“唐猴沙猪学数学”能让孩子们爱上数学，学好数学！

你的大朋友：寒木钓萌

2019年7月

目录

巧破魔法门

八戒买水果

唐猴沙猪回到现实中已是晚上，此刻的他们正在紧张地做着一道数学题：

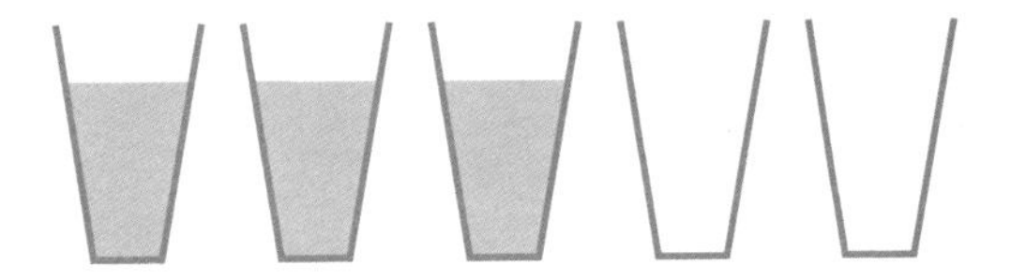

5个杯子中，前3个杯子装着水，后两个杯子是空的（如上图）。如何只动一个杯子，便可以让空杯子和有水的杯子交错排列（如下图）？

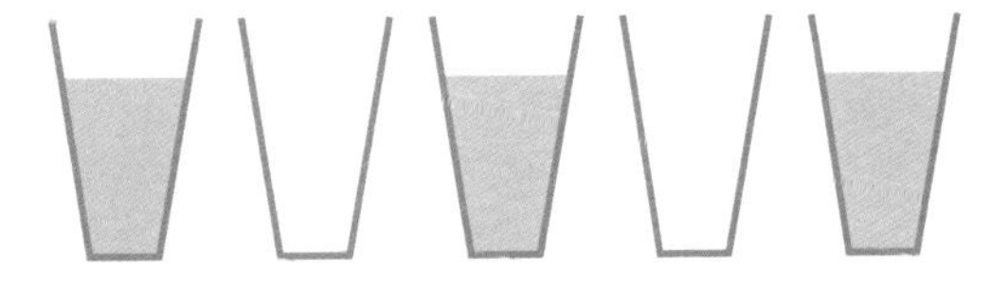

深夜，周围安静极了。也许是过于紧张，或者是旁边篝（gōu）火烘烤的缘故，此刻，唐猴沙猪几人的脸都红扑扑的。

10分钟后，小唐同学终于做出了答案，他兴奋得大喊大叫，惊得树上的小鸟朝远处飞去。

又过了几分钟，八戒和沙沙同学也做了出来。现在，只剩下悟空在那里急得抓耳挠腮。

“真好！明天终于轮到你挑担子了。”八戒对悟空说。

悟空没有跟八戒计较，因为他还在思考那道题：“奇怪，你们到底是怎么做出来的？”

“那还不简单！”小唐同学说，“把第二个杯子拿起来，把它里面的水倒入最后一个杯子里，再把它放回原处就可以了。”

“原来是这样！”悟空一拍脑袋，“瞧我这死脑筋！唉……”

解决了第二天谁挑担子的问题后，我们躺在篝火旁，看着天上的星星，渐渐进入了梦乡。

第二天一大早，太阳还没升起来，我们就醒了。然而，悟空比我们醒得还要早，只见他正在翻看一本数学书，大家都惊讶极了。

“大师兄，你是什么时候起来的？”沙沙同学揉揉睡眼。

“半夜！”悟空盯着书，头也不抬。

“半夜？悟空，你不至于吧，不就才输了一次嘛！”小唐同学说。

“输一次就会输第二次。”悟空合上书，看着大家，“我忽然想明白一个道理，那就是‘今日不努力，明日干苦力’！我可不想一直挑担子。我要好好看数学书，学好数学才能赢。既然大家都起来了，那咱们就上路吧！”

说完，悟空主动走到担子旁，弯腰挑起担子，快步上路了。

红红的太阳从东边露出了半个脑袋，远处的山，前方的小树林，在朝霞的映衬下，美得就像一幅画。

悟空虽然挑着担子，但步子迈得飞快。他冲在前面，我们紧跟着，小唐同学在最后面喘（chuǎn）着粗气。

就这么一直赶路，到了上午10点左右，我们看到前面人群熙（xī）熙攘（rǎng）攘，好不热闹。走近了一看，原来这里是一个集市，有卖桃子的，有卖西瓜的，还有卖肉的……

“师父，你带钱了吗？”八戒问。

“我的钱在家里。”

“师父，你真小气，出门居然不带钱！”八戒说。

“看你说的，就好像你带了钱似的！”

“当然带了！我出门时带了一些钱呢，就藏在箱子中的一本书里！”八戒说。

“你自己带钱了，干吗不花？还要问别人有没有带钱！”小唐同学瞥（piē）了八戒一眼。

八戒追上悟空：“猴哥，你等等我！我要取钱买桃子，你快把担子放下来！”

八戒在箱子里翻了好久，终于翻到了藏钱的那本书，然后走到一个卖桃子的年轻姑娘面前。

八戒拿起一个桃子，看了看，咽下一口口水，问：“姑娘，这桃子怎么卖啊？”

“1斤9毛9。”姑娘说。

“1斤9毛9，如果我买5斤的话，是……是……”八

戒看了看手中的钱，又仰头算了算，没算出来，急了，“我说姑娘啊，不就卖个桃子嘛，干吗非把价钱定成1斤9毛9？这样账也不好算啊。”

卖桃子的姑娘没好气地说：“你这个人真无礼，自己数学不好，还怪我定价不合理。这是我的桃子，我爱怎么定价就怎么定价！”

“我不买了！”八戒把桃子扔下，转身走了。

小唐同学眼见水灵灵的大桃子没买成，急了，追上八戒，一把拉住他：“八戒，你生什么气呀，你让那位姑娘算不就得了嘛！”

“那怎么行？万一她算错了呢？或者她骗我呢？”八戒继续往前走，直到走到一处卖杨梅的地方才停下来。

“杨梅多少钱1斤？”八戒看着紫红的杨梅，又咽起了口水。

“1斤1块9毛9！”卖杨梅的大伯说。

八戒一听价格，刚想发火，但看着诱人的杨梅，最终还是说：“给我称一些吧。”

大伯抓了一些杨梅放进袋子里，一称：“2斤4两，1斤1块9毛9，2斤4两就是……”

“我自己算！”八戒说，“我明白了，你们这些人把价

格定得这么刁钻，就是为了蒙骗顾客。”

“嗨……”大伯苦笑了一下，“好好好，你自己算！”

“1斤1块9毛9，2斤4两就是……就是……”八戒仰头看天，眼睛一眨一眨的。

小唐同学担心吃不到杨梅，也赶紧跟着算起来，但是几分钟过去了，两人依然没算出来。

“我不买了！”八戒说完就走了，小唐同学只好去追八戒。

拎着那一袋子杨梅的大伯看见他们这样，真是哭笑不得。我过去给大伯赔礼道歉后，又快步追上八戒。

悟空生气了，挖苦道："我说八戒，你的钱可真是难花出去啊！想吃到你买的水果真够难的！舍不得花钱就算了，还装！"

"猴哥，你真的误会我了，我是怕商家蒙我！他们的定价实在是奇怪得很，肯定有原因……不不，肯定有诈！"八戒说。

"那你总该可以相信寒老师吧？你把钱交给寒老师，让他去买不就得了吗？"小唐同学说。

"也行……"八戒犹豫了一下，把钱递给我。

"我去买可以，但是八戒你别跟着我，我丢不起这人！"

"好好好！我最烦买东西了。"八戒满口答应，"前方有棵大杨树，我们在那里等你。"

我拿着八戒皱（zhòu）巴巴的钱，回到之前卖桃子和卖杨梅的地方，分别买了一些后，来到了那棵大杨树下。

大家吃着酸甜的杨梅和多汁的桃子，都很高兴。

"我花钱买的这桃子很甜哦！"八戒吃着桃子，很有成就感地说，"瞧，我也不是那吝（lìn）啬（sè）的人。我只是觉得他们想蒙人，否则的话，为什么要把价格定得那么难算呢？寒老师，你说是不是？"

"不是！"

这样定价的道理

在生活中，我们经常看到“9.9元”“19.9元”“99元”这样的商品定价。商家为什么要这么定价呢？是为了蒙骗那些数学不好的人吗？恐怕只有八戒才会那么想。实际上，商家这样定价是有道理的，主要有以下好处：

1. 让顾客在心理上有一种便宜的感觉。比如，标价99.9元的商品和100.9元的商品，虽然价格只差1元钱，但是99.9元给消费者的感觉是：还好啦，还不到100元；而100.9元给顾客的感觉是：这个商品卖100多呢。

2. 精确。带有尾数的价格会让顾客认为，商家这样定价是经过认真考虑的，比较精确，连零头都算得清清楚楚。因此，顾客会对商家的产品产生一种信任感。

虽然这样定价有一定好处，但是缺点也很明显，就是不方便计算，尤其是遇到八戒这样的顾客，就更麻烦了。

手指计算器

我们每个人的身上其实都有一个计算器——那就是10根手指。还别说，有个关于“9”的乘法小窍门，如果你的乘法口诀还没有背熟，那这个方法就特别好用。

如下图，当我们要计算9的倍数时，将两手张开，并从左到右给你的手指编号。如果你想计算9×7，那么你只要像下图所示那样：先弯曲手指“7”，然后数一数手指“7”左边的手指数目，显然是6，它右边的手指数目是3，将6和3组合在一起，得出9×7的答案就是63。

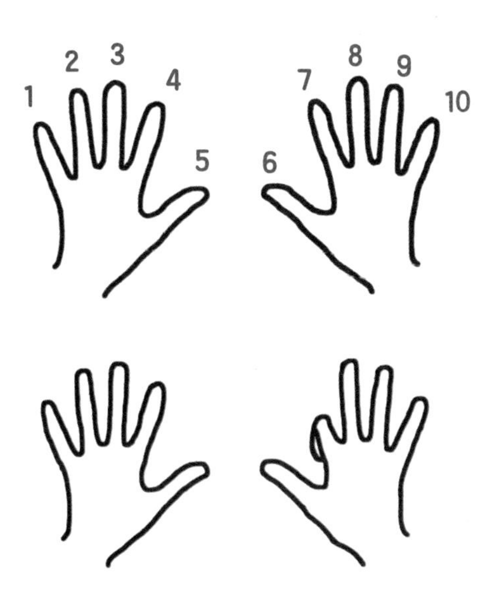

再验证一次，比如 9×6，那么我们弯曲的是手指“6”，也就是右手的大拇指，往手指“6”的左边数，是5根手指，往右边数，是4根手指，5和4组合在一起是54，9×6 也恰好等于54。大家不妨再验证一下9的其他乘法算式吧。

速算的方法

用手指计算9的倍数的方法很好玩，但如果想在生活中熟练计算各种价格，以下这些速算方法则更实用。

故事中，桃子一斤9毛9，也就是一斤0.99元，如果买5斤的话，总价是多少呢？八戒之所以没算出来，主要是因为他没有掌握方法。有个简单的方法是把0.99元当成1元，因为两个价钱只相差1分钱。如果桃子是1元1斤，那么5斤显然就是5元了，又因为每一斤我们多算了1分钱，那么5斤就相当于多算了5分钱，把这多算的5分钱减去，就是 $5-0.05=4.95$（元）。

数是变化无穷的，根据情况不同，速算的方法也不同。大家要开动脑筋，遇到需要计算的时候，要多想想还有什么更简便的方法。在这方面，值得我们学习的是数学家高斯。

高　斯

高斯是德国著名的数学家、物理学家、天文学家，他被认为是历史上最重要的数学家之一，有“数学王子”的美誉。

高斯生长在一个普通家庭，母亲是一个贫穷石匠的女儿，她虽然十分聪明，但没有接受过教育；父亲干过各种工作，当过工头、商人的助手等。

高斯小时候家里很穷，但他非常喜欢看书。冬天吃完晚饭后，父亲会让他上床睡觉，为的是节省灯油，但他总是想办法在父母睡觉后偷偷点起灯来看书。

高斯 10 岁那年，他的数学老师布特纳在课堂上临时出了一道题：

$1+2+3+4+\cdots+97+98+99+100=?$

从 1 到 100，把这 100 个数全部加起来，这对于小学生来说太难了，除了老老实实一个数一个数加，似乎别无他法。大部分同学想也没想就埋头苦算起来。然而高斯不一样，他想，如果这么一个一个加下去，那得需要多少时间呀。有什么更巧妙的方法呢？

高斯这么一想，不一会儿就有了办法，于是很快算出了正确答案。

数学老师布特纳一听，觉得高斯不可能这么快就算出来，便说："你怎么会算得这么快呢？再好好算算。"

然而高斯却说："答案就是 5050！"

高斯是这么计算的：这 100 个数，后一个数都比前一个数大 1，很有规律，所以，第一个数 1 加上最后一个数 100，结果是 101，第二个数 2 加上倒数第二个数 99，也是 101……

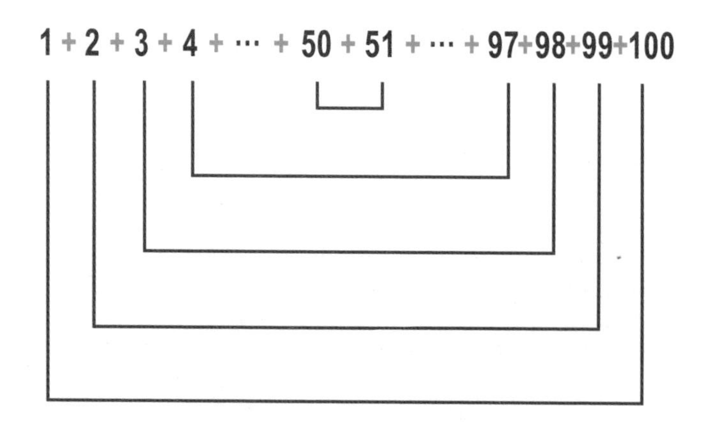

这么加下去，相当于是 50 个 101 相加，于是就得出 101 × 50 = 5050。

数学老师布特纳知道了高斯的算法后，非常高兴，立刻对他刮目相看。布特纳还特意从德国汉堡市花钱买了很多算术书送给高斯，对他说：“你已经超过了我，我没有什么东西可以教你了。”

显然，从 1 加到 100，这个谁都会算，只是花时间多少的问题。所以，能不能算出结果有时候并不是最重要的，最关键的是，在学习数学的时候，是否勤于思考，让问题变得简单些。

在数学及其他学科上，高斯做出了很多贡献。为了纪念他，月球上有一个地方是用高斯的名字来命名的，小行星 1001 被称为“高斯星”。

闯入原始森林

不一会儿，桃子和杨梅就被我们一扫而光，悟空擦擦嘴巴，很自觉地挑起担子，我们又上路了。

走了半小时左右，我们来到一片森林的边上，从南到北，这片森林绵延不绝，挡住了我们西行的路。怎么办呢？穿过森林还是绕路？正当我们犹豫不决的时候，八戒往前方一指，说：“你们看，那边有个人，我们先去打听一下。”

我们快步走到那个人旁边，那是一位采蘑菇的老奶奶，她右臂挎着一个篮子，里面已经有不少蘑菇了。

小唐同学问：“老奶奶，我们向西赶路，可是这片森林挡住了我们。请问我们可以往北走或者往南走，绕过这片森林吗？”

“绕过这片森林？”老奶奶一脸惊讶，“我这辈子还从来没有绕过去过呢。”

“啊！这片森林这么大呀！”八戒惊讶道。

“那是呀，这可是一片原始森林呢，呵呵。”老奶奶笑着说。

“那么，直接往西穿过这片森林大概要多长时间呢？”沙沙同学问。

“这个……我也不知道，我这辈子也没有穿过这片森林。”老奶奶又说。

“那可麻烦了！”小唐同学满脸愁容，看着悟空。

“有什么好麻烦的！”悟空不屑（xiè）地说，“难道这片森林还没有边际了？往西总能穿过去的！”

“穿过森林？”老奶奶再次惊讶起来，“可别呀，十几年前，也有人像你们一样，决心往西穿过这片森林，结果去了就再也没有回来。”

“啊？”小唐同学更担心了，“为什么呀？饿死了？”

“谁知道呢，也许被老虎吃了，也许被狼吃了，也有可能是被野人抓去煮着吃了。”老奶奶说。

小唐同学一听，不由自主地往后退。

悟空问：“老奶奶，这片森林里还有野人？”

“是呀！”老奶奶放下篮子，“从小我就听说有，但是我从来没见过。咳，我要是见过，就不可能在这儿采蘑菇了。”

“算啦算啦！”小唐同学一听害怕了，“咱们往北走得了，就是走3个月我也愿意。”

“猴哥，干脆你驾着筋斗云，把我们带到这片森林的那一头得了，省得麻烦！”八戒说。

“呆子，就你会省事！要是每次遇到这样的事都用法术来解决，那我们西行还有什么意义？”

“对，大师兄说得对！说不定这森林里还有跟数学有关的问题呢。”沙沙同学说。

悟空又问那个老奶奶：“如果这里面有野人，他们吃什么呢？吃人这种事应该是假的吧？”

“假的？”老奶奶说，“你可不知道，这森林里面有多少好吃的东西，各种野果数不胜数，还有兔子、山羊、野猪等。你瞧我，都还没有走进森林，就采到了这么多蘑菇。你问野人吃啥？那可真说不准了。”

“我决定了！咱们穿过这片森林！”说完，悟空转头安慰准备退缩的小唐同学，“师父，你说是野人厉害还是我厉害？放心吧，我会时刻保护你的。”

“我同意！”八戒也说，“这里面那么多野果，想吃多少吃多少，还不花钱！”

少数服从多数，小唐同学没办法，只能同意。于是，我们谢过老奶奶，径直朝森林里走去。

刚进入森林没多久，就感到阵阵凉气袭（xí）来，周围大树参天，光线很暗，地上全是落叶，踩上去软绵绵的，各种鸟叫声不绝于耳。

我们就这么一直往森林深处走去，小心翼翼的。走着走着，忽然听到了人的喊叫声：“饶命呀！饶命呀！”

“咦，这是怎么回事？”悟空停下脚步。

“难道是妖怪？还是野人？”小唐同学一脸惊恐。

“走，看看去！”悟空说完，快步朝声音传来的方向走去。

我们走了四五十米后，眼前豁（huò）然开朗，前方是一片空地，有半个篮球场那么大。空地上有两个人，其中一

个被绑在一棵大树上，另一个拿着一把手枪，指着被绑在树上的那个人。

“快住手！”悟空放下担子，向拿枪的人大喊道。

“你们是谁？”那人迅速转身，拿枪指着我们。他眉毛粗粗的，胡子黑黑的，一副凶相。

“路过路过！只是路过！”小唐同学两手一举，一边做投降状一边解释。

悟空一边说话一边慢慢朝他们走去：“这位大哥，你为什么要把这个人绑起来呀，还准备向他开枪？”

“别过来！再过来我开枪了！我是护林员，这个人是偷猎者，杀了好几只小鹿！”

“原来是这样！”悟空说着又向他慢慢走去，“我们同意你惩罚他！”

原来这位胡子大哥是这片森林的护林员，大家稍稍放心一些。小唐同学说：“我连一只蚂蚁都不想伤害，我最恨那些偷猎者了。这位大哥，咱们是一样的。”

“你们真的不是偷猎者？跟他不是一伙的？”护林员大哥依然没把枪放下。

“偷猎者应该是拿着枪，而不是挑着担子。你看我们像吗？”悟空一边说一边向护林员大哥靠近。

被牢牢绑在大树上的是个年轻人，此刻他不停地求饶：“大哥，饶命呀！”

我说：“护林员大哥，他虽然杀了小鹿，但罪不至死。”

“你们不知道，他还枪杀了我的爱犬！”护林员大哥咬紧牙关。

“我以为那是一只狼！”偷猎者急忙解释。

“狼？”护林员大哥一拳重重地打在偷猎者身上，“哈士奇你都不认识呀？”

“哎哟——哎哟——”偷猎者疼得叫起来。

“别怪我不给你机会！”护林员大哥看了一眼偷猎者，把左轮手枪举向空中，扣动了扳（bān）机。嘭的一声巨响，哗啦啦——顿时，周围无数的鸟被惊起，偷猎者被枪声吓得浑身发抖。

朝天空放了一枪后，护林员大哥掰（bāi）开左轮手枪，把里面剩下的5发子弹全部取出，装入左边的口袋，又从右边的口袋摸出两发新子弹，装入左轮手枪。

“一枪把你毙了也不公平。”护林员大哥看着手上的左轮手枪，“你刚才也看见了，我的枪里面可以装6发子弹，但现在我只装了两发，而且是紧挨着的。现在我转动一下左轮手枪。”

说着，护林员大哥用左手快速地拨动了一下左轮手枪的轮子，哗——

我们都不明白护林员大哥这是要干什么，傻傻地看着他。

“好了，我转完了。现在，我也不知道第一枪击锤是击中子弹还是击中空弹槽，如果击中空弹槽，那就算你命大，这就是我给你的第一个机会！”

“啊！大哥，饶命呀！”偷猎者害怕得眼泪都出来了。

护林员大哥无动于衷（zhōng），抬起手枪，慢慢指向偷猎者的头，说：“你去找被你打死的那些小鹿，还有我的爱犬饶命吧！”

“别！”偷猎者紧闭双眼，吓得浑身发抖。

嗒——护林员大哥扣动了扳机，但击锤没有击中子弹，好险！我们在旁边，拳头攥（zuàn）得紧紧的，看到这一切，手心里全是汗。

听到是空响，偷猎者睁开双眼，一脸惊喜，说：“大哥，现在可以把我放了吧？”

“想得美！”护林员大哥冷笑道，“刚才只是第一枪，还有第二枪。我发誓，开完第二枪后，如果你还安然无恙，我就饶了你。”

“啊？”偷猎者又吓得哭了起来，“呜……”

“你别哭！”护林员大哥说，“那些被你杀死的小鹿死之前都没哭，你哭什么？”

小唐同学说：“护林员大哥，这样真的很危险。我看，你还是把他送到警察局去吧。要是你把他杀死了，你不是还得坐大牢？”

“坐大牢？谁让他杀死了我最心爱的狗，它和我生活了10年……”护林员大哥没看小唐同学，死死地盯着偷猎者，“这是最后一枪，我也给你最后一次机会。让你做个

选择，我是接着开枪，还是把转轮拨动一下再开枪？”

偷猎者惊恐万分，不知道如何选择：“这……这……”

看着偷猎者满脸泪水，小唐同学动了恻(cè)隐之心，急忙说：“拨动转轮再开枪，这样被打中的概率要小一点儿！”

偷猎者歪着头看向小唐同学。

然而，八戒却说：“不不不，不要拨动转轮，应该直接开枪，这样被打中的概率更小！”

偷猎者又急忙转头看向八戒。

“要拨动！”小唐同学大声说。

偷猎者又转头。

“不要拨动！”八戒坚持道。

偷猎者再次转头。

“你们俩真是的！”悟空跺（duò）了一下脚，大声说，“意见都不统一，这让他听谁的呀？”

“悟空说得对！先把意见统一了再给他出主意，这可是人命关天的事，怎能儿戏？”我说，“左轮手枪里可以放6发子弹，但现在只放了两发，而且是挨着放的。刚刚已经开了一枪了，是空响，那么第二枪是拨动转轮再开枪，还是不拨动转轮直接开枪？到底哪一种方法被打中的概率小呢？”

“对呀！寒老师，到底是哪种呀？”悟空着急地问。

我转向护林员大哥，恳求道：“护林员大哥，我们算一算，请等我们一会儿好吗？毕竟人命关天啊！”

“好好好！”护林员大哥爽快地说，“反正我的时间也很多，最关键的是，我要让这个偷猎者好好地‘享受’一下这个过程。”

“好！”我转向唐猴沙猪，“我还想接下来该由谁来挑担子呢，这下好办了。谁能比较出这两种方式哪一种被打中的概率更小一点儿，谁明天就不用挑担子了。同样，谁没有解答出来或者解答错误，明天的担子就由他来挑。”

八戒一会儿坐在地上，一会儿站起来，小唐同学不停地掰手指，悟空则时不时地抓抓脑袋……

偷猎者看着唐猴沙猪，一脸紧张，护林员大哥则悠闲地坐在地上。

10 分钟后，唐猴沙猪分成了两派。八戒和沙沙同学是一派，他们的观点是直接开枪。小唐同学和悟空是另一派，他们的观点是拨动转轮再开枪。虽然两派都有自己的观点，但他们还是不敢肯定，都在交头接耳地商量着。

又过了一会儿，八戒和沙沙同学终于不再犹豫，肯定了自己的观点。八戒站起来，拍拍屁股，大声说：“我和沙沙同学还是坚持认为，不拨动转轮直接开枪被打中的概率小一点儿。”

“注意哦，如果错了，那么明天和后天就是你和沙沙同学挑担子哦。你们肯定？”

“我们肯定！”八戒和沙沙同学说。

“好！这是你们的答案。”我转向小唐同学和悟空，“那你们呢？”

悟空说：“我们的观点是拨动转轮再开枪。”

“你们也肯定？”

小唐同学胸有成竹地说：“肯定！寒老师，你快让偷猎者听我们的吧。”

“听我们的！”八戒急了，“师父，你这样会害死偷猎者的！”

“胡说八道！”小唐同学很自信，“你们的方法才会使偷猎者被子弹打中的可能性大！”

“别吵了！”我说，“答案我已经知道了，八戒和沙沙同学是对的。”

“不可能！”悟空不服地说，“这是怎么回事？”

我没有管他，而是转向偷猎者：“我们的建议是，你让护林员大哥直接开枪，千万不要再拨动转轮。虽然我们不能保证你不被打中，但是直接开枪的话，被打中的概率确实要小一点儿。”

“大大大……大哥，到底小多少？”偷猎者结结巴巴地问。

“小多少都无所谓，难道不是吗？不管怎样，你只能选择概率最小的那个。”我说。

“好好……好。那就这样吧。”偷猎者非常紧张。

护林员大哥从地上站了起来问：“决定好了？”

“是是……是！”偷猎者说。

“好！”护林员大哥举起手枪，对准了偷猎者……

偷猎者再次紧闭双眼，浑身发抖，看上去很可怜。但是，谁让他杀了小鹿，还杀了护林员大哥的狗呢，他现在的紧张和恐惧是他应该受到的惩罚。

唐猴沙猪盯着护林员大哥的食指，看着他一点点地扣动扳机。嗒——手枪没有响！

唐猴沙猪一看，高兴得又蹦又跳。而偷猎者大难不死，惊喜万分，居然又高兴得哭了起来：“太好啦！呜……我还没死！呜……”

护林员大哥收起手枪，说：“小子，算你命大！好吧，我对你的惩罚已经结束，我这就把你送到警察局去。”

说着，护林员大哥上前给偷猎者松了绑，但是又把偷猎者的双手捆上了。偷猎者对我们不住地点头，说：“谢谢你们！谢谢你们！”

“不用谢！”小唐同学说，“希望你以后改过自新，不要再随便杀生。”

“我再也不敢了！”偷猎者一边被护林员大哥推着往前走，一边回头对我们说。

看着他俩慢慢消失在森林里，我们又接着上路了。

八戒跟上悟空，拍了拍悟空的肩膀，嬉皮笑脸地说：“猴哥，叫你不相信我！这不，明天还是你挑担子！以后可别这样了，要跟我站在一起哦。”

小唐同学说：“八戒，瞧你那德行，在寒老师还没说出理由之前，我还是认为我们是对的。也许寒老师错了，哼！”

“小唐同学，你为什么会认为拨动转轮后，偷猎者被打中的概率要小一点儿呢？”我问。

“很简单！”小唐同学说，“6个弹槽，只有两个紧挨着的弹槽装有子弹，那么对于第一枪来说，击锤击中子弹的概率是六分之二，也就是说，开6枪，只有两枪会射出子弹。”

“正确！”我说，“六分之二其实就是三分之一，也就是说，按照悟空和小唐同学的方法，偷猎者被打中的概率是三分之一。”

“啊！寒老师你说正确？”悟空一听，激动得放下了担子，回头看着我。

“别急，我说的是你们的算法正确，但是，你们还没听八戒他们的算法呢，用他们的方法，偷猎者被打中的概率还要更小一点儿。”

“好！我来说！”沙沙同学笑着说。

“让我来！”八戒说。

有关左轮手枪的数学题

按照悟空和小唐同学的方法，偷猎者被击中的可能性是$\frac{1}{3}$。算法如下：

左轮手枪一次可装6发子弹，但是护林员大哥只装了两发，而且是紧挨着的。开第一枪之前，护林员大哥先拨动了一下转轮，所以，开第一枪的时候，射出子弹的概率就是$\frac{2}{6}$，也就是连续开6枪的话，会有两次射出子弹。护林员大哥第一枪没射出子弹，如果再拨动一下转轮，等于又重新归零了，再次开枪的话，射出子弹的概率还是$\frac{2}{6}$，也就是$\frac{1}{3}$。

再来看看八戒和沙沙同学的算法：护林员大哥右手拿枪，左手拨动转轮，假设转轮逆时针转。因为第一枪没射出子弹，所以，第一枪击锤击中的地方只能是A、B、C、D这4个弹槽（如右图）。

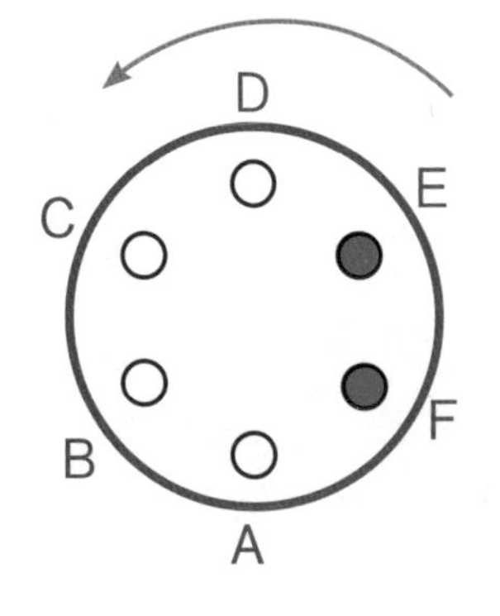

那么第二枪会击中什么地方呢？

假如第一枪击中的是A，那么第二枪击中的肯定是B；假如第一枪击中的是B，那么第二枪击中的肯定是C；假如第一枪击中的是C，那么第二枪击中的肯定是D；假如第一枪击中的是D，那么第二枪击中的肯定是E。

如果不拨动转轮，那么第二枪击锤击中的只能是B、C、D、E这4个弹槽。而这4个弹槽里，只有E有子弹。也就是说，同样的情况下击发4次，才可能射出一发子弹，概率也就是$\frac{1}{4}$，而$\frac{1}{4}$明显小于$\frac{1}{3}$。用分苹果的例子来解释，1个苹果4个人分和1个苹果3个人分，哪种方式每个人分的苹果更多一些呢？当然是第二种啦。所以$\frac{1}{4}$小于$\frac{1}{3}$，也就是说，采用八戒和沙沙同学的方法，偷猎者被打中的概率要更小一点儿。当然，如果转轮顺时针转，结果也是一样的。

混乱原始人

“听明白了吗？”八戒说完，自豪地看了看悟空和小唐同学。

“哼！”悟空起身挑起担子，又出发了。

小唐同学追上去，问：“悟空，明天和后天是咱俩挑担子，你说，你是明天挑还是后天挑？”

“随便。”悟空说。

路上，沙沙同学说：“虽然偷猎者被击中的可能性只有四分之一，但还是很危险哦，他要是在我们眼皮子底下被打死了……想想都后怕。”

“咳，你们没有注意观察，护林员大哥先是把里面剩下的5发子弹全部取出，装入左边的口袋，又从右边的口袋摸出两发新子弹，装入左轮手枪。所以，新装的那两发子弹应该是假的。那位大哥是守护森林的，他肯定懂得法律，杀人得偿（cháng）命，所以，他只是想让偷猎者尝尝被枪瞄准的滋味而已。”我说。

“哦，原来如此！”沙沙同学说。

一路无事，大家默默前行，一心只想快点儿走出森林。

然而一直到了晚上，我们还在森林里。

第二天，还是悟空挑担子，虽然我们走得很快，但是一天过去后，我们依然在森林里。

第三天是小唐同学挑担子，他走走停停，我们也只能迁就着他。走到下午的时候，我们来到一处灌木丛生的地方。这些灌木浑身是刺，难以通过，我们只好停下来休息，顺便等等落在后面的小唐同学。

10分钟后，小唐同学挑着担子深一脚浅一脚赶上来了，他走到我们跟前，咣（guāng）当一声，把两个箱子砸在了地上。

突然，只听轰的一声，然后我们就掉到地下去了。大家惊恐万分，纷纷大喊，但无济于事，黑暗中，我们还在不停地往下滚……

过了一会儿，我们眼前一亮，虽然重见光明，但是十几个野人的大刀却架在了我们的脖子上。这些野人上身赤裸（luǒ），下身围着一圈大树叶，就像原始人一样。

悟空想反抗，可是拿大刀架在小唐同学脖子上的野人恶狠狠地说：“别动，再动他就没命了！”

小唐同学一听，惊恐万分，他歪头看着脖子旁边的大刀，紧张地说：“悟空悟空，别动别动！”

我们都没有反抗，就这样被野人押（yā）着往前走。路上，我们仔细观察了周围环境，原来这个地方四面环山，山上都是高大茂密的树木，被山围着的这个地方是块平地，放眼望去，有几十个足球场那么大。平地上有小片的树林，还有小片的草地，远处还有一个湖……

走着走着，小唐同学因为害怕，哭了起来："我们马上就要被野人吃了，呜……"

悟空刚想安慰小唐同学，就被野人呵斥住："闭嘴！不许说话！"

沿着山脚走了一会儿，我们来到一棵大树前，这棵大树的树干很粗，非常高大，整棵大树就像一座大房子。树干上有一个一人高的大洞，大洞的旁边站着两个拿着大刀的野人，像是在洞口站岗的卫士。

我们被带入树洞中，穿过树洞后，又进入了一个更大的山洞，洞里面的岩石壁上挂着很多火把，非常亮堂。

正前方坐着一个强壮的野人，他的胡子很长，把肚子都给遮住了。他的两边站着十几个野人，齐刷刷地看着我们，就像看稀有动物一样。

"大王，我们已经把他们抓来了！"押着我们的一个野人说。

长胡子野人摆了一下手，说："好！你们先退下吧。"

架在我们脖子上的大刀撤（chè）去以后，大家重重地舒了一口气。悟空扭扭脖子，满不在乎地说："这就是你们的待客之道？也不搬几把椅子给我们坐坐。"

“放肆！”旁边的一个野人站出来，“在大王面前，你们应该跪下！”

“你说什么？”悟空用手指向那个野人。

结果，不知怎么回事，那个野人的上下嘴唇连在了一起，再也说不出话来。他发出“嗯嗯嗯”的声音，嘴就是没张开。

还没有退下的野人见状，举刀向我们砍来，但是悟空回头用手又指了他们一下：“定！”

那些野人睁着大眼睛一动不动地站在原地，就像雕塑一样。

“路上我没有收拾你们，是想看看你们这帮吃人的野人的大本营到底在哪里。”悟空回头对长胡子野人说。

“什么？你居然说我们是吃人的野人？”长胡子野人气得暴跳如雷，站起来，一副准备跟悟空拼了的架势。

悟空说：“难道不是吗？森林外有人说，曾经有人走入森林，然后就再也没有回去。他们不是被你们吃了，还能去哪儿？”

“胡说八道！你们才吃人！”长胡子野人说，“森林里那么多豺狼虎豹，凭什么说是我们吃的，你这是侮辱我们整个树洞国！”

原来这个地方叫树洞国。悟空说他们会吃人，结果他们的大王气得脸都青了。看来树洞国也是讲究礼仪的，这里的人没有我们想的那么野蛮。

悟空无言以对，于是换了话题：“那你们为什么要抓我们？”

“是你们擅（shàn）自闯入我们树洞国的领地！”长胡子野人说。

我说：“树洞国的这位大王，我们并不是想闯入你们的领地，而是准备穿越这片森林，我们是路过的！”

“对呀对呀！”小唐同学也说，“我们一路西行，主要是为了学习数学。”

“数学？”树洞国大王纳闷儿地说。

“这样吧。”我说，“树洞国大王，咱俩来比赛，谁说出的数大，谁就赢了！”

“好！”树洞国大王重新坐回椅子上，不再那么愤怒了，“你先说！”

我十指张开，说：“10！”

树洞国大王也张开自己的双手，看了看，小声嘀咕道：“糟了，我应该先说的。”他看了看我说，“你赢了！”

“简单地说，数学就是关于数的学问。”我说，“这下你该相信我们了吧？”

“让他相信干吗？”悟空还在生气，“这里不欢迎我们，连个椅子都不给我们坐，我们走！”悟空转身向后走去。

“且慢！”树洞国大王招手说，“既然你们不是故意侵犯我们的领地，而是路过，那么你们来了就是客人，就是朋友，我们得留你们吃几顿饭，这才是我们树洞国的待客之道！”

八戒一听要吃饭，转身跑到悟空跟前，一把拉住他：“吃饭！吃饭！猴哥，你听见没？别走，我们已经吃了几天野果子了！”

“快！给客人们搬5把凳子来。”树洞国大王命令道。

我们终于成为座上宾，坐在了树洞国大王的旁边。他捋（lǚ）了捋自己的长胡子，眼睛一眨一眨的，若有所思：“嗯，给几位客人吃点儿啥呢？”

下面一个人站起来说：“大王，今天我外出捕鱼，捉到了一条大鱼。我想，可以用鱼招待我们的客人。”

“鱼有多大？”树洞国大王问。

那人抬起一只脚，只见脚背上毛茸茸的，全是毛，脚底和脚趾有好多泥巴。正当我们奇怪他为什么要这样时，他说：“大王，这条鱼有我的脚掌这么大，够他们吃了。”

我们一听，一下子都被恶心到了。悟空说：“树洞国大王，你不想招待我们就明说，让我们走，为什么要用一只臭脚来恶心我们？”

“啊？”树洞国大王疑惑不解，“我们这里都这么说呀，他的脚是不好看，但我们都习惯了。”

“你们也真够乱的，难道树洞国不会用千克来表示一个物体的质量吗？”小唐同学问。

“什么是千克？”树洞国大王更纳闷儿了。

小唐同学说：“千克就是世界各国用来表示一个物体质量的单位。比如说吧，刚才说要请我们吃鱼的那位大叔，他就可以用千克来表示鱼的质量，如果他说他的鱼有3千克，那么我们就能明白这条鱼有多大了。但是用脚来比较的话，

我们只能知道鱼的大小，不能知道这条鱼到底有多重。”

“哦，原来如此。看来‘千克’真是个好东西。”树洞国大王又捋了捋胡子，“那么1千克到底有多少呢？”

“1千克有……有……有……”小唐同学转头看向我，“寒老师，这1千克到底有多少？我没法说呀！”

“1千克有多少不是说出来的！”我说，“得用一个实物表示出来，这个实物叫作国际千克原器。它有1千克重，不多不少，非常精确，全世界绝大多数国家都以国际千克原器为标准，来称量一切物体。”

“原来是这样呀！”树洞国大王说，“看来，这个国际千克原器是个好东西，我们树洞国也要有。”

“这个……大王，真抱歉，国际千克原器目前存放在法国呢。”我说。

“那有何难？”悟空满不在乎，“看在树洞国这么好客的分儿上，我几分钟就能给他们取来。”

“对！猴哥会法术，这下好办了！等我们吃完饭就去法国一趟！”八戒说。

听说我们要到外面的世界给树洞国取国际千克原器，树洞国大王非常感激，让人给我们做了一顿非常丰盛的饭菜，我们一个个吃得直打饱嗝儿。

物体质量的规定

生活中，有无数的地方需要形容一个物体到底有多重，可怎么说呢？你总不能说："我的体重是30。"如果你这样说，就没有人知道你到底有多重。

怎么办呢？最好的办法是找一个东西衡量，这个东西的质量是固定不变的。举个例子，假如世界上所有的鸵鸟蛋都是一样重，并且丝毫不差，那么，当别人问你有多重的时候，你可以这样说："我的体重是30鸵鸟蛋！"这下，所有人一下子就知道你的体重了，因为世界上所有人都知道一个鸵鸟蛋到底有多重。

不过，现实生活中，鸵鸟蛋的质量不是固定的，有重有轻，所以，我们绝不能拿一个鸵鸟蛋来衡量一个东西到底有多重。

为了解决这个问题，人们就用一些特殊金属制造出一个高度和直径都是39毫米的圆柱体物体，并且规定，这个物体的质量就是1千克。而这个物体就是故事中说的“国际千克原器”。

因为人们知道“国际千克原器”到底有多重，所以在形容一个东西到底有多重的时候就简单多了。如果你说“我的体重是30千克”，人们就知道你的体重是多少。

悟空摸了摸饱饱的肚子，故意说：“现在咱们要去法国了，按理说，师父也应该挑着担子去，但是箱子也挺重的，这样的话，我就要多费点劲儿。所以……师父你先在这儿等我们，我们去去就来。”

“那怎么行？”小唐同学说，“除非……八戒留下来陪我！”

“什么？”八戒不干了，跳起来说，“师父你真是太坏了……好吧好吧，这次允许你把箱子先放在树洞国。”

“对对对！”沙沙同学附和道。

“那好吧。”悟空大喊一声：“出发！”

我们5个人一下就飞上了天，在白云之上，往西方飞去。悟空的筋斗云就是快，没多久，我们就来到了法国上空。从高空往下看，我们看到了一条河。

“快看，这就是塞纳河。”我说。

悟空问：“难道国际千克原器在河里面？”

“不是。国际千克原器在一个叫塞夫尔的小镇上，这个小镇属于法国的塞纳省，塞纳河也属于塞纳省。”

“哦，明白了，那就是说我们快到了！”悟空说。

“大家注意观察，国际千克原器在国际计量局里面保存着，而国际计量局在一座白色的房子里。”我补充道。

“白色房子那么多，谁知道是哪个呀！”小唐同学说，“我们下去问吧。”

“也对。”悟空说着不断降低高度。最后我们降落到一条公路上，这条公路在一片树林之中。

我们一路打听，终于找到了国际计量局所在的那座白色的房子。远看，房子很大，像一个学校似的，前面的院子里是一大片绿绿的草地，房子后面有很多高大的树。

“你们瞧，那里好像戒备很森严呢。”小唐同学说，“他们会允许我们进去吗？”

“估计悬。”我说。

“不用他们允许！”悟空说完，就把我们全部变小，

就跟蜜蜂一样大。这感觉真奇妙，周围的草一下子都变得像大树一样。

悟空带着我们飞进白色房子里，然后一层楼一层楼地寻找。找了好半天，我们才来到国际千克原器所在的那个屋子里。

因为屋子里没有人，安安静静的，所以悟空又把我们变成正常人大小。

“快看！那就是国际千克原器！”我一边说一边朝一个玻璃罩（zhào）子跑去。

“居然是用几个玻璃罩子罩起来的。”大家跟过来后，沙沙同学说。

“怎么打开呢？”悟空摸着下巴琢磨起来。

八戒围着玻璃罩子转了一圈，说：“这个罩子是被3把锁锁起来的。咱们找找，看看周围有没有钥匙。”

“不用找了，这是3把不同的锁，需要3把不同的钥匙才能打开，谁会傻到把钥匙放在锁的周围呢。”

“寒老师，那怎么办呀？”小唐同学问。

“什么怎么办呀！”八戒的急脾气上来了，“把玻璃砸碎，拿着国际千克原器就跑！”

我说：“万万使不得。全世界所有国家都以这个国际千克原器为标准，去校准各国所有的天平，你要是把玻璃砸碎了，玻璃碴（chá）儿掉到国际千克原器上，就会改变它的质量，然后，所有国家的质量标准也会跟着改变，这危害太大了。”

八戒满不在乎地说：“小小的玻璃碴儿，吹掉不就得了？”

“在你吹的时候，会有轻微的口水被吹出来，这些你看不见的口水也会影响国际千克原器的质量。”

“有那么严重吗？吹一下都不行？”小唐同学很纳闷儿。

“你想呀，大家买东西的时候最怕缺斤短两了。假设国际千克原器比以前少了 1 克，那么所有国家的人买 1 千克东西时，都会少 1 克。而且哪怕就是少了千分之一克、万分之一克都是不行的，因为它的影响实在是太大了。”

“寒老师，照你这么说，摸摸都不行啦？”悟空一屁股坐在地上，沮（jǔ）丧地说，“我还想变成一缕（lǚ）烟，钻到这罩子里摸摸它呢。”

“也不行！你的手上有汗液，而汗液会腐蚀国际千克原器，会轻微地改变它的质量，这也是不允许的。”

“那我们来干吗呢？”八戒一把拉开我，“寒老师，你别只顾看了，咱们要解决问题。”

“其实来的路上，我也想到这个问题了，但咱们已经上路了，就来看看呗。”

“但是我们的问题还没解决呀。”小唐同学着急地说。

“我想好了，就算我们把这个国际千克原器带回树洞国，又能给他们带来什么呢？无非就是告诉他们，瞧，1千克就是这么多。所以，最好的办法是给他们买一台秤，他们以后就能用它称东西了。”

“好主意！”悟空非常赞同。他噌（cēng）地站起来，把我们都变小了，带着我们飞出了国际计量局，来到了周围的街上。

可是问题又来了，我们没带钱，就算带了，这里也不能用啊。因为法国使用的是欧元，不是人民币。

“要不，你去卖唱吧。”小唐同学对八戒说，“这样就有钱了。”

“那你怎么不去当小丑？”八戒踢了一脚路上的小石子。

悟空说：“我有办法啦，咱们走吧！”

也不知道悟空想的是什么办法，他不告诉我们，或许他是准备让店家施舍给他一台秤吧。

我们找到一家卖秤的店铺。悟空问：“您的秤怎么卖？”

“10欧元！”一个四五十岁的男子回答道。他的脸上有好多棕黄色的胡子，看起来是这家店的老板。

“嗯嗯……”悟空抓了抓脑袋，“老板，你来摸摸我这根棍子。”

说完，悟空把他用毫毛变出来的假金箍棒递给了老板。老板手一拿，立马露出惊讶的表情，说：“呀，好重的棍子呀！什么金属做的？”

悟空说：“我也不知道是什么金属做的，重其实不算什么。你知道吗？这根棍子可听话了，只要你说‘变大’，它就会变大，只要你说‘躺下’，它就会躺下。你信不信？”

“不信，呵呵呵。”老板笑着摇了摇头。

“好吧，咱们打一个赌，如果这根棍子如我刚才所说，那么你就把这台秤送给我们。如果这根棍子不听你的话，它就是你的了。怎么样？”

老板想了一会儿，微笑着说：“好！”

于是，悟空把金箍棒立在地上，说：“老板，你现在可以对它下命令了。”

“呵呵……”老板一脸不相信，笑着说，“变大！”

但是，令老板意想不到的是，棍子居然一下子变大了。这下，他脸上不再有笑容，而是一脸惊讶，继续说：“变大！”

话音刚落，金箍棒又变大了。

“躺下！”老板又下命令。

果然，金箍棒就横躺在地上了。

“起立！”老板又说。

金箍棒又直直地立了起来。这时，悟空上前一把抓住金箍棒，说：“现在信了吧，快把秤送给我们吧。”

“好好好！”老板转身，把秤递给我们。

我们拿着秤转身就要离开，可是老板却拉住了我们：“等等，你们能不能把这根棍子卖给我，出个价吧！”

我们一听大笑起来，没有说卖，也没有说不卖，就这么笑着走了。

离开那家店后，悟空驾着筋斗云，把我们带回了树洞国。

国际千克原器

国际千克原器的历史很悠久，早在1879年它就被制造出来了。

国际千克原器使用铂和铱（yī）两种金属制成，其中铂占900克，铱占100克。之所以使用这两种材料，是因为铂和铱的合金不容易生锈，而且不容易热胀冷缩。

除了制作材料有讲究，国际千克原器的存放也很特别。它被3层玻璃罩密封起来，最外层的玻璃罩还上了3把锁，而且3把锁的钥匙分别存放在不同的地方。这么做的目的是要防止国际千克原器被轻易拿出来，因为哪怕是用手摸一下，都会多多少少地改变国际千克原器的质量。

国际千克原器只有一个，其他国家要用的时候怎么办呢？为了解决这个问题，人们又制造出了几十个国际千克原器的复制品，隔一段时间就要与国际千克原器对比一下，以保证各复制品的准确性。

买尺子奇遇记

我们去法国的时候还是下午，回来时已经是晚上了。

在树洞国里，树洞国大王和他的仆人们都在那里迎接我们。我们把秤拿给他们看，他们就像看一件稀世珍宝一样，围着秤啧（zé）啧称奇。

“这就是你们说的国际千克原器？”树洞国大王问。

“当然不是。去了法国以后，我们觉得对于你们来说，一台秤更实用，所以我们就给你们带回来一台秤。”悟空说。

“这个东西有什么用啊？”树洞国大王问。

“我来说。”八戒抢先说道，“这个秤很有用呢。举个例子吧，假如你们树洞国的人到森林外面的地方，外面的人问你们，你们有孩子吗？你说，孩子都8个月大了。外面的人又问你，你家孩子现在有多重？然后你说，我家孩子跟我家小狗一样重，你说这样行吗？”

树洞国大王和他的仆人们听后都大笑起来。

“别笑了，安静！安静！”八戒扬起手，等大家安静下来后，又说，“显然，外面的人根本不知道你家小狗到底有多重。所以，你们树洞国的人走出树洞国后，无法向外面的人形容一件东西有多重。但是现在不同了，我们千辛万苦，不远万里，给你们带回来一台秤，你们用它就可以称东西了。”

“这个秤怎么用啊？”树洞国大王迫不及待地问。

“瞧，大王，你之前不是问1千克到底是多少吗？来，这个秤砣（tuó）就是1千克，你掂（diān）量一下。”说完，八戒把那个1千克的秤砣递给了树洞国大王。

树洞国大王掂量了一下，又点点头，说：“嗯，我现在算是明白了。”

接着，八戒把一些鸡蛋放在秤上，然后对大家说：“大王，以前你们买卖鸡蛋是不是按个数算的呀？”

树洞国大王说：“是这样的，我们只能按个数算。”

“但是有个问题，”八戒说，“有的鸡蛋大，有的鸡蛋小，如果都是按个数算的话就不公平。假如是我，我肯定会把个头儿大的挑出来留着自己吃，把个头儿小的都拿出去卖了。”

“对，你说得有道理！”树洞国大王点了点头。

“所以，我们得按照质量多少来买卖，这是最公平的。”八戒越说越来劲，“瞧，我不用去数这些鸡蛋的个数，只要把它往秤上一放，再调节秤砣的大小就能知道这些鸡蛋的质量。像这样，我放上标有500克的秤砣，如果此时平衡了，那这些鸡蛋就是500克。如果横梁上翘，说明鸡蛋的质量比

500克大，需要再调节横梁上的刻度。什么时候横梁平衡了，鸡蛋的质量就称出来了。明白了吗？”

“明白了！”树洞国大王说。

“那就好。不管怎么样，在称量质量上，你们树洞国现在总算是跟国际接轨了！”八戒心满意足地说。

树洞国大王再次拿起那个1千克的秤砣，一边掂量一边说：“请问，1千克当初是怎么规定的呢？”

“怎么规定？”八戒说，“嗨，规定就是规定！”

树洞国大王一听，还是满脸疑惑。

我说：“树洞国大王，是这样的，当初人们规定1千克是按照一个方形罐子里装的水的质量来说的。也就是说，一个长、宽、高都是1分米的罐子，它装的水的质量就是1千克。”

“哦，原来是这样！”树洞国大王说，“那1分米又是多长呢？”

“啊？”八戒一脸惊讶，“你们树洞国的人也不知道长度单位吗？那你们平时怎么测量身高呢？比如，我现在问你，你有多高？”

“我有多高？”树洞国大王笑呵呵地说，“哈哈，平时要是有人问我多高，我会告诉他我跟我家那头老母牛一样高！因为我家的老母牛不会长高了，它已经活了20年了！”

“唉！你们树洞国真是……乱极了。”八戒摇了摇头。

“呵呵呵……”树洞国大王又笑了，“那你告诉我，1分米有多长，以后我们就按照你说的什么长度单位来计算。”

“1米等于10分米，所以，1分米就是十分之一米。”八戒说。

“那1米又是多长呢？”树洞国大王又问。

“1米就是……就是……”八戒说，“糟糕，我们忘记给你们树洞国买尺子了！”

悟空说：“没事，明天我们就去买。”

“那真是太感谢你们了！”树洞国大王说，“这下，在长度计算上，我们树洞国也要跟国际接轨了，真好！”

晚上，树洞国大王为我们准备了丰盛的晚餐，把我们当贵客一样招待。吃完饭后，我们就去睡了。在一棵高大的树上有七八张床，那是树洞国专门用来招待贵客的。今晚，只有我们5个人睡在上面。

树上的那些床就像一个个超大的鸟窝，它们分布在不同的树枝上，我们爬着绳梯上树，一个个兴奋地叫着钻入“鸟窝”。“鸟窝”里面铺满了厚厚的干草，躺上去很舒服。“鸟窝”的顶部用很多树叶遮蔽（bì）起来，是用来防雨的。

微风轻拂，树叶的沙沙声在我们耳边回响，大家第一次睡在树上的床上，兴奋极了。虽然很晚了，但我们依然没有睡意，还在你一句我一句地聊着天。

聊着聊着，我突然想到一个问题：“明天我们要离开树洞国，但是明天的担子还不知谁挑呢。既然今天咱们教会了树洞国的人如何称质量，咱们就做一道跟称质量有关的数学题吧。”

“跟称质量有关的数学题？这个有意思。”八戒把头伸出“鸟窝”外，“寒老师，你快说！”

“题目是这样的：有 12 个球，它们的形状、颜色、大小是完全一样的，看不出任何区别。但是有一个球的质量与

其他球稍有不同，也就是说，其他 11 个球的质量是相同的。现在给你一架托盘天平，没有砝码，让你称 3 次，找出这个球。好，大家开始解题吧。”

“这个题有意思。”悟空说。

之后，大家没再说话，开始静静地思考起来。

半小时后，悟空最先做出了答案，又过了一会儿，沙沙同学也做了出来。

又过了 20 分钟，小唐同学也做出来了，而八戒一点儿动静也没有。

“哈哈哈……”小唐同学高兴地说，“八戒，明天该你挑担子啦！”

然而，八戒还是没有回应。

咦，这是怎么回事？悟空爬起来，准备去看看八戒到底发生了什么事，这时传来了八戒的打鼾（hān）声！

哎呀，这家伙居然睡着了！

悟空爬到八戒的床边，一把推醒了他：“呆子，明天该你挑担子啦！”

“啊？什么什么？”八戒大叫，“你们……你们全做出来了？”

“那还有假！”小唐同学得意地说。

“你们到底是怎么做的呀？”八戒问。

找到目标球

为了找出那个球，我们把12个球分成3组，分别叫作A组、B组和C组。A组里面包含A_1、A_2、A_3、A_4，B组里面包含B_1、B_2、B_3、B_4，C组里面包含C_1、C_2、C_3、C_4。

我们要找的那个球就藏在这12个球里面，它是哪个呢？我们不知道，暂时就用“目标球”叫它吧。好啦，我们现在就开始找目标球。

我们先把A组和B组放在天平左右两端，这时会出现两种情况：

第一种情况：天平平衡

这说明8个球质量一样，目标球肯定在C组中。瞧，我们只称了一次，就把目标球锁定在C_1、C_2、C_3、C_4这4个球上了。接下来，把C_1、C_2、C_3这3个球放在天平的一端，然后拿它跟其他3个正常球比，如A_1、A_2、A_3。如果天平平衡，说明C_1、

C_2、C_3 的质量等于 A_1、A_2、A_3 的质量。那么目标球就是 C_4。如果天平不平衡，若 C_1、C_2、C_3 的质量大于 A_1、A_2、A_3 的质量，说明目标球比正常球重；若 C1、C2、C3 的质量小于 A_1、A_2、A_3 的质量，说明目标球比正常球轻。

接下来，我们再把 C_1、C_2 放在天平左右两端，如果天平平衡，那么目标球就是 C_3，如果天平不平衡，我们也能马上找出目标球，因为我们在上一次测量中已经知道目标球是轻是重，一比较就能知道答案。

第二种情况：天平不平衡

天平不平衡，要么 A_1、A_2、A_3、A_4 的质量大于 B_1、B_2、B_3、B_4 的质量，要么 A_1、A_2、A_3、A_4 的质量小于 B_1、B_2、B_3、B_4 的质量。

不管是 A 组重于 B 组，还是 A 组轻于 B 组，其实这两种情况都是一样的，因为 A_1、B_1……只是代号而已，球看上去都是一样的，目标球就在这 8 个球中，肯定不在 C 组中。到底是哪个呢？

假设 A_1、A_2、A_3、A_4 的质量大于 B_1、

B_2、B_3、B_4 的质量。A 组的球重于 B 组的球，我们暂时把 A_1、A_2、A_3、A_4 都叫作重球，把 B_1、B_2、B_3、B_4 叫作轻球。目标球可能在重球中，也可能在轻球中。

在天平上放置如下的球：左边托盘放 A_1、A_2、B_1、B_2，右边托盘放 A_3、B_3、C_1、C_2。

瞧，我们只是把天平上的 A4 和 B4 暂时拿下来，并把轻球 B_1、B_2 放到左边去，A_3 放到右边去，并同时放上两个正常球 C_1、C_2。

此时，如果天平是平衡的，说明目标球在 A_4 和 B_4 中。为什么呢？因为如果目标球是上面任何一个球的话，天平就不会平衡，而现在天平是平衡的，说明目标球在 A_4 和 B_4 中。接下来，我们把 A_4 和一个正常球比，如 C_1。如果两球一样重，B_4 就是目标球；如果不一样重，A_4 就是目标球。

如果 A_1、A_2、B_1、B_2 的质量大于 A_3、B_3、C_1、C_2 的质量呢？因为 A_3 是重球，但把它放在天平的右边后，右边还是没有左边重，所以 A_3 不是目标球，目标球只能是 A_1、A_2。我们再拿 A_1 和 A_2 各放在天平两端称量最后一次：因为目标球是重球，谁重谁就是目标球。也就是说，如果 A_1 大于 A_2，那么 A_1 就是目标球；如果 A_1 小于 A_2，那么 A_2 就是目标球。

如果 A_1、A_2、B_1、B_2 的质量小于 A_3、B_3、C_1、C_2 的质量呢？什么时候会出现这种情况呢？要么 A_3 是重球，也就是那个目标球，要么 B_1、B_2 中有一个是轻球。

到底是哪种情况呢，再称最后一次就知道了。把 B_1、B_2 各放在天平两端，若平衡，说明 A_3 就是目标球。因为 B 组的球都是轻球，谁轻谁就是目标球，所以，如果 B_2 小于 B_1，那 B_2 就是目标球；如果 B_2 大于 B_1，那 B_1 就是目标球。

第二天一大早，我们就出发了，悟空驾着筋斗云，把我们带到了一座城市里。

我们沿着大街走，一家一家商店挨个问，终于找到了卖尺子的商店。商店的老板是一位老爷爷。

“老爷爷，你家的尺子怎么卖？”八戒迫不及待地问。

“这种塑料三角尺3元钱一把。”老爷爷说。

“那这种直尺呢？”八戒又问。

“5元！”老爷爷伸出一个巴掌，比画着。

“那就买这个吧！”八戒说完，又回头看着我，“寒老师，你觉得呢？”

“不好！这个直尺是塑料的，容易折断。我们应该买一个钢卷尺，那个不容易坏。”

“钢卷尺？”老爷爷说着就拿出来一个，“是不是这种？”

“对对对，就是这种！”我说。

“你说得没错。钢卷尺不仅不容易坏，而且可以测量的

尺寸还长呢。这是5米长的钢卷尺！”老爷爷笑呵呵地说。

“多少钱？”八戒又问。

“18元！”老爷爷说。

“啊？”八戒瞪（dèng）大眼睛，“这么贵！便宜点儿，10元卖不卖？”

“什么？”这下老爷爷也瞪大了眼睛，“你可真够狠的，一下子砍去8元！”

“可是我们这次只带了10元钱呀。”八戒为难地说。

“是呀，怎么办呢？”悟空挠着头。

小唐同学说：“寒老师，咱们只有10元，那就买10元以内的尺子吧。”

“可是那种容易坏，用不了几年，万一折断了怎么办？那树洞国就又没有尺子了。”

“那你说怎么办吧？”小唐同学望着我说。

“要不……打个欠条？”我望着老爷爷。

老爷爷摆摆手，笑呵呵地说：“不不不，不用打欠条，我倒是有个好主意。”

“老爷爷，你快说！”八戒说。

老爷爷没有说话，只是转身从箱子里面拿出两把长短不同的直尺。直尺闪着光泽，是用金属做的，奇怪的是，两把尺子都没有刻度。

“你们看，这两把直尺本来应该有刻度，但是却没有。我只知道，长的这把直尺是29厘米，短的这把是19厘米。现在，你们5个人不使用其他尺子，只用这两把没有刻度的直尺，加上一把小刀，然后把这两把直尺的刻度标出来。”

我说：“老爷爷，你是说，我们不借助其他工具，只使用一把小刀，在这两把没有刻度的直尺上标出1厘米、2厘米、3厘米……直到19厘米、29厘米？”

“是的！”老爷爷说，“如果你们能做到，那个钢卷尺……我就送给你们！”

“假如做不到呢？”八戒急忙问。

“做不到当然得付出一些代价了，你们5个人帮我干一天活！”老爷爷说。

“好！就这么定了！”我说。

小唐同学急了：“寒老师，你怎么这么傻，想也不想就答应了，万一我们做不出来呢！”

“做不出来就帮老爷爷干一天活呗。”我说。

“呵呵，那就这么定了。”老爷爷说着，就把那两把没有刻度的直尺递给了我。不一会儿，他又拿来一把小刀。

我们 5 个人蹲在商店门外，悟空拿着长直尺左看右看，八戒拿着短直尺上看下看，小唐同学则拿着小刀削指甲。

“寒老师，你知道怎么弄吗？”小唐同学埋着头，一边削指甲一边问。

“不知道。”

“不知道你干吗答应呀？这道题太难了！”小唐同学说。

“嗨，我当时想，反正明天还不知道谁挑担子呢，既然老爷爷帮我们出了一题，那就做呗。反正我做不出来也不用挑担子，但是你们谁最后没有做出来，那明天的担子就是谁的了。如果你们都没做出来，那接下来 4 天的担子，你们一人一天。”

“啊？寒老师你太坏了！”小唐同学一听，急忙把小刀塞给沙沙同学，接着又从八戒的手上夺过直尺，开始上下打量起来，“这把 19 厘米，那把 29 厘米，怎么弄呢？”

八戒手里什么也没有了，只好站起来，走到几米远处，在墙角拔了两根草比画起来。

10分钟后，我们听到一声惊叫：“啊——”八戒蹦得老高，“我知道怎么弄了！”

“寒老师，你过来！我给你说说。”八戒向我招手，“快过来，可别让别人听见了。”

我走过去后，八戒拿着两根长短不一的草，一边说一边跟我比画。

“八戒，你简直就是天才！”

我和八戒走到唐猴沙旁边，小唐同学抬头快速看了我们一眼，就赶紧埋头认真思考起来，显然，他不敢再掉以轻心。

十几分钟后，悟空和小唐同学也做出来了，只有沙沙同学，在那儿望着天，一脸茫然……

给尺子标刻度

两把没有刻度的直尺，一把 19 厘米，一把29厘米，要在上面标出刻度，看似很难，其实，只要掌握方法，就会变得很简单。

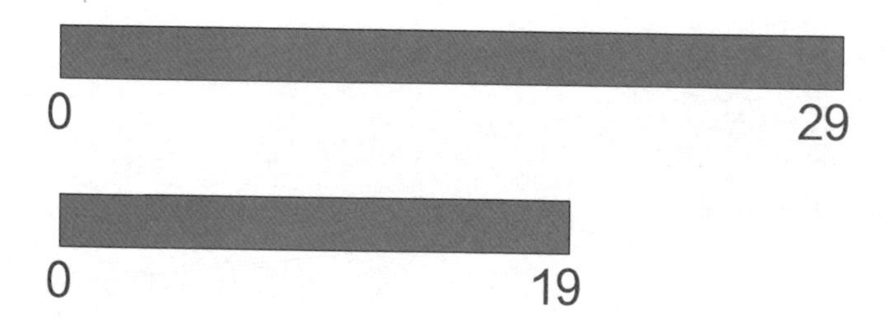

第一步：把19厘米长的直尺放在29厘米长的直尺下面，一端对齐。就像下图这样：

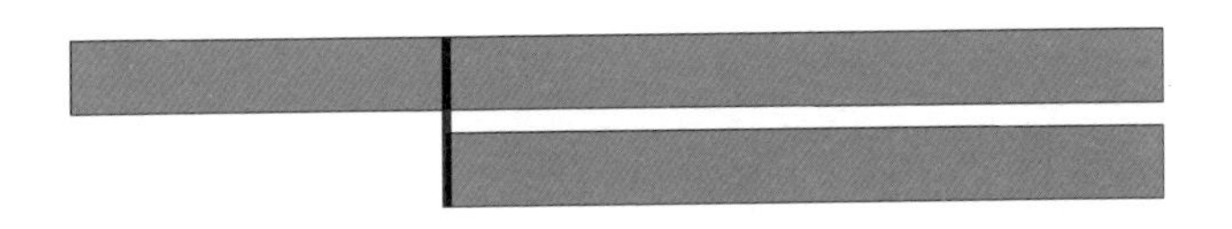

既然长直尺是29厘米，短直尺是19厘米，那么我们就可以得出，两把直尺相差29 - 19 = 10（厘米）。这下，我们就可以在长直尺上标出10厘米的刻度了，如下图：

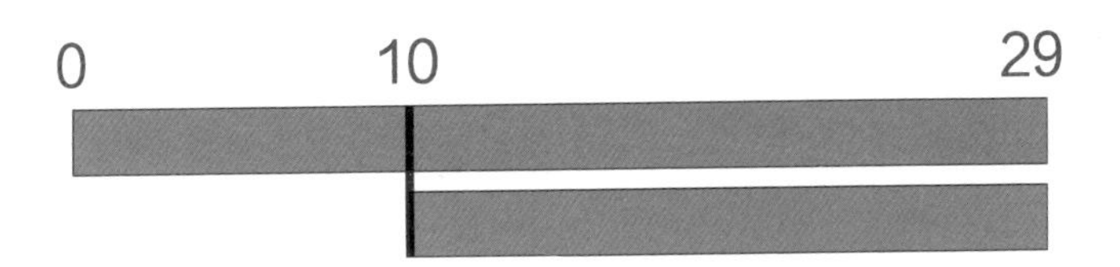

第二步：既然我们已经得出一个10厘米的刻度了，那就要充分利用它，把19厘米的短直尺和10厘米的刻度相比较，如下图：

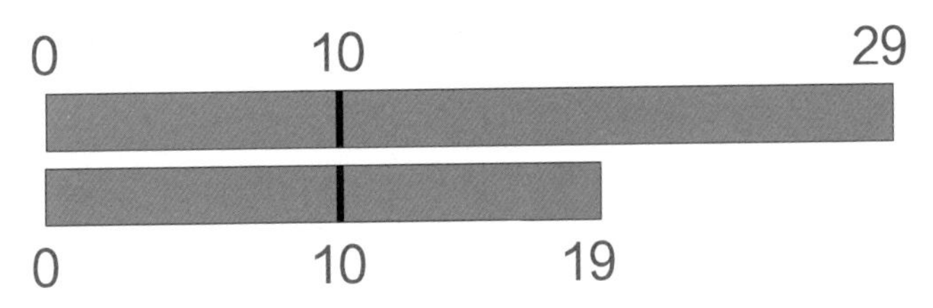

这样的话，我们就能在19厘米的直尺

上也得出10厘米的刻度了。现在我们看一看19厘米的短直尺，上面已经有3个刻度，分别是0厘米、10厘米和19厘米。这3个刻度还能告诉我们一个信息，就是短直尺上，10厘米刻度的右边长9厘米，因为19 − 10 = 9（厘米）。这相当于我们又得到了一个9厘米的刻度。

第三步：把短直尺水平方向颠倒，并拿它跟29厘米的长直尺相比较，如下图：

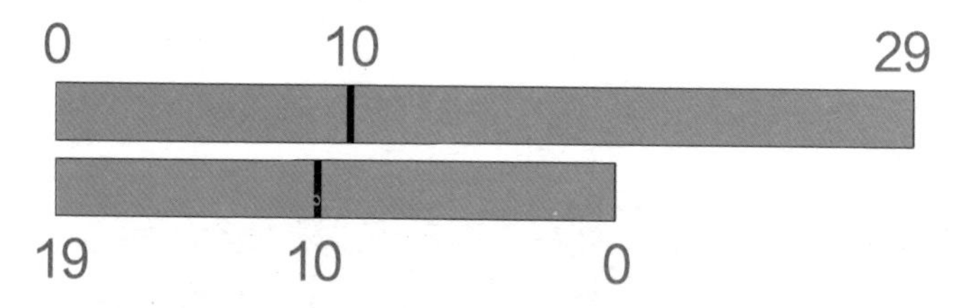

我们只是把短直尺水平方向颠倒一下，此时，19厘米的短直尺上，10厘米刻度的左边长9厘米，把它跟29厘米的长直尺左端对齐比较，就能在长直尺上刻出一个9厘米的刻度了，如下图：

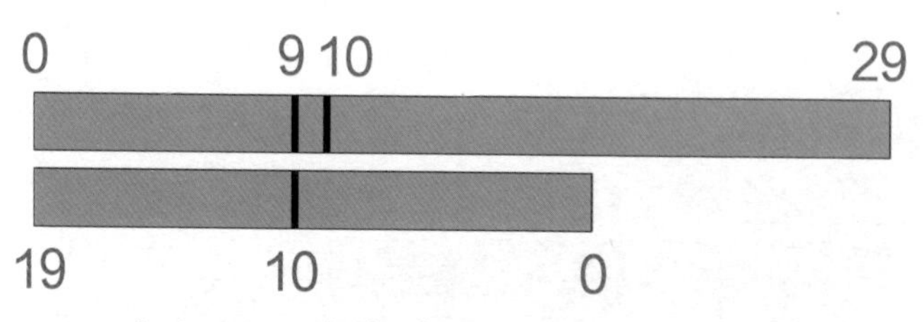

到这里，其实我们已经完成任务了，为什么呢？我们在29厘米长的直尺上已经

标出9厘米和10厘米的刻度，而9厘米和10厘米相差1厘米。也就是说，我们现在已经得出1厘米的刻度。所以，我们可以利用长直尺上这个1厘米的刻度，不断地在短直尺上标出1厘米、2厘米、3厘米……同理，我们也可以用短直尺在长直尺上标出相应的刻度。

1米有多长

生活中，我们有时需要准确地说出某个东西有多长，或者某个人有多高，或者某条路有多宽。可怎么才能准确呢？

最好的办法是，世界各国的代表坐在一起，开大会商定出一个固定长度，并把这个长度定为“1米”，然后就按照这个长度来衡量其他长度。那么当初，这个“1米”的长度到底是多长呢？开始的时候，人们是这样定义1米的长度的：地球赤道到北极点距离的一千万分之一。

有“国际千克原器”，自然也就有“国际米原器”。人们对赤道到北极点的距离进行精确测量后，得到了1米的长度，根据这个长度，就做成了“国际米原器”。

国际米原器

1 米的长度被定义出来了，但是后来人们发现，地球不是标准的完美球体，把 1 米定义为赤道到北极点距离的一千万分之一，这种方式还是有点儿粗糙。更重要的是，国际米原器虽然是特殊金属制成的，但是时间一长，国际米原器的长度也会发生轻微的变化。该怎么办呢？

1983 年，在一次国际计量大会上，科学家把 1 米定义为：光在真空中行进 $\frac{1}{299792458}$ 秒的距离（光在真空中 1 秒钟可以前进 299 792 458 米，那么，1 米就是光在真空中前进 $\frac{1}{299792458}$ 秒的距离）。因为在真空中，光的速度是不会变的，而科学家又把光速的大小测量得非常精确。所以，用光速来定义，不管是 10 万年后还是 1 亿年后，1 米的长短都不会再变化了。

神奇的“杯子”

老爷爷出的数学题，我们成功解答了出来。老爷爷遵守诺言，送给我们一个钢卷尺。我们带着钢卷尺回到树洞国，此时已经是中午了。

在一棵大树下，八戒站在一块高高的石头上，正在跟树洞国的人讲话。

“知道这是什么吗？”八戒拿着钢卷尺。

树洞国的人纷纷摇头。

哗——八戒拉出钢卷尺：“这是钢卷尺！专门用来测量物体长度的。”

说完，八戒跳下石头，走到树洞国大王的身旁：“大王，你不是想知道1米到底有多长吗？你看，这就是1米！来来来，我用钢卷尺给你测测身高吧！”

八戒弯下腰，让树洞国大王踩住钢卷尺的一头，然后把钢卷尺从下往上拉，一直拉到树洞国大王的头顶。

“站直啦！”八戒说，“哈哈，我现在知道你的身高了，1.61米，也就是161厘米。”

树洞国大王满脸笑容：“嘿嘿，真好，我终于知道自己的身高了。”

“是呀！”八戒说，“大王，你以后再也不用说，你跟你家那头老母牛一样高啦！”

“是是是！”树洞国大王说。

“给！”八戒把钢卷尺递给树洞国大王，“这是我们5个人送给你们树洞国的。”

树洞国大王拿着钢卷尺，感激地看着我们5个人：“你们真好！从此以后，我们树洞国在质量和长度上再也不会混乱了，谢谢你们！”

“不但不乱，”小唐同学说，“你们还与国际接轨了呢。因为‘千克’和‘米’都是国际单位。”

大家一听都高兴地笑了起来。

在树洞国吃完午饭后，八戒挑起担子，我们又出发了。

虽然我们离开了树洞国，但什么时候能走出原始森林，谁心里也没底。大家只能一路向西走。

走着走着，小唐同学忽然说：“寒老师，光速那么快，差不多1秒钟可以前进30万千米，而科学家却能把它测量得那么精确，这真是好神奇哦。可惜测量不是数学知识，否则，我们此行一定要找机会学习一下。”

“谁说不是？如果你们去上小学，就会在数学课上学到一些测量的知识呢，测量也是数学的一部分。”

“那太好了！我们得学一下测量。”八戒说着就把箱子放在了一棵大树下，坐在那里休息起来。

“嗨嗨嗨！”小唐同学拿扇子指着八戒，“咱们这才离开树洞国还不到500米呢，你就休息？”

“急什么呀！”八戒瞪了小唐同学一眼，又看向我，“寒老师，今天是我挑担子，明天是沙沙同学挑，但后天谁挑还没定呢。来来来，咱们一边休息一边解个题吧！”

“你真会找借口！”小唐同学讽刺道。

“也好，趁现在有时间，咱们就做个题。”说着，我坐在大树下，用小木棍在地上摆弄起来。

“瞧，假设这是我用4根一样长的小木棍围起来的杯子，‘杯子’里面有一块小石头。现在，限你们最多移动两根小木棍，就把石头移到‘杯子’外面。也就是说，不移动石头，只移动两根小木棍，但必须保持‘杯子’的形状，然后石头就从‘杯子’里面跑到了‘杯子’外面啦。开始！”

我一说完，唐猴沙猪就紧张地盯着地上的“杯子”，眼睛一眨也不眨……

自从离开树洞国，八戒就一直挑着担子，肩膀火辣辣的。

此刻，面对这道题，他可不敢再像上次一样睡着了。只见他两眼炯（jiǒng）炯有神，眼睛好半天都不眨一下，紧盯着地上用小木棍围成的“杯子”。

“4 根小木棍……”小唐同学自言自语，“只能移动两根小木棍，让小石头跑到‘杯子’外面，同时‘杯子’的形状还不能变。怎么弄呢？”

八戒皱起眉头，推了一把小唐同学，头也不抬地说：“师父你不要说话，这样会干扰我思考问题。”

4个人蹲在一起，本来就头碰头，很挤，经八戒这么一推，小唐同学没稳住，一屁股结结实实地坐在了地上。小唐同学两手撑地，抬起脚踢了八戒一下，然后就到旁边折了几根小树枝，自个儿摆弄去了。

八戒虽然被踢了一下，但他一点儿也没在意，还是死死地盯着地上的“杯子”。

啪！悟空拍了一下八戒的头：“臭八戒，你的大脑袋挡着我了！”原来八戒太专注，头离地面的“杯子”越来越近，结果，他的大脑袋挡住了悟空的视线。

被悟空拍了一下后，八戒的脑袋就像弹簧一样，往下一沉，然后又弹了回来。但他仍不在意，还是专心思考，两眼依然不离那个“杯子”。

悟空无奈，也走到一边，像小唐同学一样，折了几根小树枝，自个儿摆弄去了。

5分钟后，小唐同学大叫一声：“哈哈，我做出来了！”

八戒一听，紧张得脸一下就红了。

又过了两分钟，悟空也惊呼道：“我也做出来了！”

八戒一听，额头上的汗瞬（shùn）间冒出来了，他抬头紧张地看了一眼沙沙同学后，又赶紧埋头思索起来。

一分钟后，沙沙同学一下子蹦了起来，大叫：“我也知道啦！”

八戒本来就提心吊胆的，听沙沙同学这么说，一下子失去了所有希望。他一屁股坐在地上，两手撑地，沮丧极了。

小唐同学满脸狂喜，像一只猴子似的跳到八戒身旁，拍了一下八戒的肩膀：“我猜，你现在一定特别想知道答案。”

“不是……”八戒可怜巴巴地望着小唐同学，“我在想，为什么我的脑子不好使了。”

“先不管你脑子的问题，你肯定还是想知道答案的。”小唐同学说着，就在地上摆弄起木棍来。

“瞧，八戒，你先把这根木棍移到这里！”小唐同学解说道，“然后呢……”

八戒虽然嘴上说不想知道答案，但还是斜着眼盯着小唐同学的动作。

“把中间这根往右一移！”小唐同学继续说道。

“就是这样！这太简单了！”小唐同学小手往地上一指，骄傲地说。

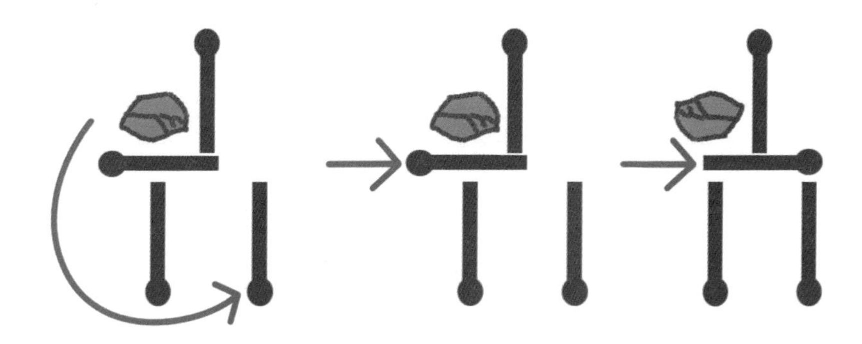

啪！八戒使劲拍了一下自己的脑袋，声音清脆，然后无助地说：“这到底是怎么了？我的脑子不好使了。真的，我好像连10以内的加减法都不会了。师父，快快快，你赶紧出个10以内的加减法考考我！”

“啊！”小唐同学一下子跳到八戒面前，“八戒，你不会变傻了吧？3 + 5等于多少？”

八戒伸开两只手，看看左手，又看看右手，吞吞吐吐地说：“3 + 5等于……3 + 5等于……等于……”

悟空一看，也急了，蹦过来，推了推八戒的肩膀：“八戒你到底是怎么了？”

八戒仰头看了看悟空，然后一拳打在悟空的身上：“都怪你！刚才你拍我脑袋，把我拍傻了！”

悟空一听，大眼一瞪，猴急起来："嗨嗨嗨，你别拉不出屎赖茅坑！"

"是不是这个地方……"沙沙同学看了看周围，一脸神秘地说，"有妖气？八戒中邪了？"

"你才中邪了呢！要是有妖气的话，大家都会中邪！"八戒说完，又眉头紧锁，"咦，是不是……中邪也有先后？不行，我得考考你，出一个10以内的加减法给你做。"

"好吧，你出。"沙沙同学说。

"如果你做错了得替我挑一天的担子！"八戒又补充道。

"没问题呀，要是我做出来了呢？"沙沙同学问。

"那以后我就替你挑一天的担子呗。"八戒说。

"太好了！"沙沙同学高兴地拍起手，"你赶紧出！"

小唐同学一听，心想，居然还有这等好事！急了，一把推开沙沙同学，大叫道："考我！考我！"

八戒坐在地上，仰头看了看小唐同学，只见他一脸期盼的神情。于是，八戒平淡地说："好，师父，我考你，不考沙沙同学了。"

"八戒八戒，你快说！"小唐同学说。

"7只小羊捉迷藏，已经找到了3只，还有几只没找到？"八戒问。

"哈哈哈……"小唐同学笑得前仰后合，笑完了大声说，

“八戒，看来你脑子真的出问题了，还剩下4只没找到嘛。”

八戒从地上蹦起来，潇（xiāo）洒地拍了拍屁股上的碎草和灰尘，长舒一口气：“好险！终于扳回一局！”

但是小唐同学没反应过来，还在那儿偷着乐呢。

八戒懒得理他，挑起担子，上路了。

小唐同学追上他：“八戒，记住哦，你欠我一次！下次如果我不幸输了，你得替我挑一天的担子。”

八戒没忍住，笑得眼睛都看不见了，浑身抖得厉害。

小唐同学看到八戒这样，还以为八戒真傻了，回头对我说：“寒老师，我可没有欺负八戒，是他主动要考我的，你也看到了。”

“是的，确实是八戒要考你。不过，请你认真思考一下，捉迷藏的时候，得有一只小羊负责寻找，如果所有小羊都藏起来，谁来找呢？7只小羊捉迷藏，已经找到了3只，还有3只没找到嘛。”

听我说完，悟空和沙沙同学没忍住，放声大笑起来。而八戒呢，笑得更厉害，他的肩膀控制不住地一抖一抖，结果担子也跟着一上一下，就这样，八戒挑着颤（chàn）颤悠悠的担子，一路快跑前进。

小唐同学还站在原地，好久好久，都没有出声。

我们也没有管他，谁叫他总想着占小便宜，本来八戒是要考沙沙同学的。

拐过一个弯后，小唐同学还是没赶上来，我们有点儿担心，怕他大喜之后大悲，受不了刺激。于是，我们停了下来，此刻，我们也看不到他，只能静静地听，听有没有脚步声传来，结果没有。

正当沙沙同学扭身准备回去找小唐同学时，后方传来了小唐同学的大喊声："臭八戒！臭八戒！我饶不了你！"

小唐同学的声音越来越近，语调越来越狠，八戒听得汗毛直竖，啥话不说，赶紧挑着担子快步逃了。

小唐同学赶了上来，咬牙切齿，一脸愤怒。

我拍了拍小唐同学的肩膀："别生气了，吃一堑（qiàn），长一智。你要记住，即使是做看上去很容易的题目，也要认真思考，马虎不得！"

沙沙同学的腰带

走了一天，我们依然没有走出原始森林。幸好，一路上我们遇到了好多果树。我们摘了好多果子存放在两个箱子里，小唐同学摘得最多，因为今天的担子是八戒挑。箱子里除了有水果，还装着好多大红薯，这些红薯都是树洞国的人送给我们的。

太阳落山后，森林里更暗了，到处都黑压压的。我们四处寻找，希望能找到一块平坦的地方休息一晚。

最后，我们找到了一个稍微平一点儿的地方，面积不大，四周都是高耸（sǒng）入云的大树。在这块小平地上安顿下来后，大家就开始分头找干柴，每个人都找了一大捆回来。

因为是在森林里，我们不敢把火烧得太旺，刚好能暖身子，又能把红薯烤熟就行了。大吃一顿后，我们就舒舒服服地躺在地上，仰头看天。

“唉……”输给八戒的小唐同学，此刻又叹起气来。

“师父，你怎么了？没吃饱吗？”八戒关切地问道。

“吃饱了，我只是纳闷儿。”小唐同学把双手垫在头下，

"我……我就纳闷儿了，八戒你脑子转得这么快，为什么就没有解开那道'杯子和小石头'的题呢？"

"我也不知道，真的，师父你不要怪我了，当时我本来是想用那道题考沙沙同学的。"

"我不怪你，我只是纳闷儿。"小唐同学说。

"不必纳闷儿。"我说，"首先，八戒那时太心急了，因为他太害怕输了，所以过度紧张。其次，还有很重要的一点是，他当时只是直愣愣地盯着地上的木棍和石头，想呀想呀。这相当于什么你们知道吗？"

"什么？"悟空问。

"相当于八戒在做一道数学题时，是心算而不是笔算。再看看你和小唐同学，你俩都是各折了几根小树枝，在地上摆弄来摆弄去。这非常有助于你们思考。”

“但是沙沙同学跟八戒一样呀，也是傻傻地在那儿心算。”小唐同学说。

“八戒能跟沙沙同学比？上次西天取经，一路上都是沙沙同学挑担子，所以，就算这次输了，挑一天担子对他来说也不算什么。但是八戒就不同了，他不想挑担子，非常怕输！你们看见没，当时他的脸红红的，额头上都是汗。”

“寒老师说得对！”沙沙同学说，“也就是说，甭(béng)管是学数学，还是做数学题，都不要紧张害怕。越紧张害怕，越容易出错。”

“就是这个意思！”

我话刚说完，沙沙同学就像松鼠一样跳了起来，不断大叫：“哎呀呀呀！哎呀呀呀！”

我们被吓了一跳，以为妖怪趁黑摸来了。但是，仔细一瞧，沙沙同学身上有一团小火苗，原来，他刚才太靠近火堆，一不小心，衣服被点燃了。

当我们明白是怎么回事后，忍不住放声大笑起来，小唐同学的笑声最夸张。

沙沙同学像跳踢踏舞一样，蹦了好一会儿，才把身上的火扑灭。

“我的腰带！”沙沙同学一手提着裤子，一手把烧了一半的腰带扯了出来。

呀！原来被烧的不是衣服，而是腰带。

“我就纳闷儿了。”小唐同学捂着嘴，忍住不笑，问道，“为什么你的腰带会被烧呢？”

“嗨！”悟空说，“他刚才躺着的时候，把腰带解开了。我猜他可能是吃多了吧。”

“不行！我得去找条腰带！”沙沙同学说。

“这黑灯瞎火的，你去哪儿找腰带呀？”小唐同学问道。

“黑灯瞎火其实没有关系。”八戒笑着说，“主要是这森林盛产水果，却不盛产腰带。”

“那怎么办？明天我提着裤子上路吗？”沙沙同学生气地说，“你们竟然还有心思开玩笑！”

小唐同学又捂住嘴，忍住不笑，说：“提着裤子上路……嗯嗯，有了！”

“师父，你有办法？”沙沙同学急忙问。

“有了，沙沙同学，咱们先躺下睡觉吧！明天我告诉你怎么办。”小唐同学说。

“好吧。”沙沙同学虽然对师父的话半信半疑，但他一时半会儿也想不出别的办法，只能相信师父了。

“把腰带给我，我看看。”

“寒老师，你看我的腰带干吗？”沙沙同学看了看手里被烧坏的腰带，不解地问。

“它都烧成这样了，你还握在手里干吗？快给我看看！”

沙沙同学把那半条腰带递给我，我坐在火堆旁，借着火光研究起腰带来：“沙沙同学，你这腰带是在哪儿买的呀？质量太差了，居然连粗细都不均匀。”

“我也忘了！”沙沙同学气不打一处来，“嗨，我说寒老师，你好过分啊！你瞧我师父，还会帮我想办法解决问题，而你却只关注我的腰带在哪儿买的，你说你……”

“不是，我是在思考一个问题。”

“什么问题？”小唐同学问。

“之前，我告诉过你们，测量也是数学的一部分。你们也说，对测量很感兴趣。既然这样，咱们现在就来做一道关于测量的数学题吧。”

一听到“题”这个字，唐猴沙猪噌地坐了起来。

“嗨嗨嗨，咱们只是要讨论数学题。看你们这紧张样儿，不知道的人还以为妖怪来了呢。”

“说得轻巧，你来试试！”小唐同学埋怨道。

“好吧，今天的数学题，只是纯粹的数学题，就算谁输了，也不必挑担子。”

“太好了！”大家异口同声地说。

“题目是这样的：假设，沙沙同学的腰带从开始点燃到最后燃尽需要两分钟，那么，在大家都没有手表和其他计时工具的情况下，怎么利用沙沙同学的腰带和一包火柴，准确地测出一分钟的时间？”

“那还不简单？”小唐同学不屑一顾地说，“把沙沙同学的腰带从中间对折，找到腰带的中间位置，做一个记号，然后点燃腰带，烧到那个记号的地方，就是一分钟的时间了。”

“我也是这么想的！”八戒大声说。

“但这种方法是错的！你们看，沙沙同学的腰带质量很差，各处的粗细不一样，所以腰带各处燃烧时耗费的时间也不一样。就好比一根细线跟一根木棍连在一起，点燃细线时，它很快就烧没了，但烧到木棍的地方时，木棍却能燃烧很久。”

“对呀！”小唐同学说，“那要这么说的话，这道题太难了。”

“就怪沙沙同学的腰带质量太差！”八戒说，“要是腰带每部分的粗细宽窄全一样，这道题就简单了。”

“真是好笑，自己做不出来，还怪别人。”沙沙同学说。

之后，大家不再多言，默默地思考起来。

几分钟后，我没有听到谁说做出了这道题目，却听到了八戒发出的阵阵鼾声。

悟空起身想把八戒踹（chuài）醒，但我劝住了他：“八戒挑了一天的担子，确实很累了，就让他睡吧。”

之后，小唐同学、悟空和沙沙同学又继续思考、讨论，终于，大家最后都知道怎么测量出一分钟的时间了。

第二天一早，大家醒来后，八戒问：“你们昨晚做出那道测量题了吗？”

“那是当然！”小唐同学说，“这太简单了。”

“简单？”八戒一脸不相信，“不可能！你们快说给我听听！”

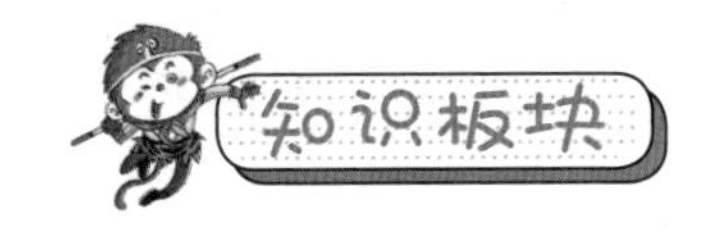

烧绳计时

沙沙同学的腰带，从一头点燃，全烧完需要两分钟。现在，你需要在不看表的情况下，利用他的腰带和一盒火柴测量出一分钟的时间。

其实，这类问题属于“烧绳计时”问题。类似的题目也可以是这样的：一根绳子，从一端开始燃烧，烧完需要一小时。现在你需要在不看表的情况下，仅仅借助这根绳子和一盒火柴，测量出半小时的时间。

不少同学在解答这类题目时，总是会第一个想到，把绳子对折，然后在中间做一个记号，接着从一头点燃，当燃到中间位置时就恰好是一半的时间。

不过，这类问题都有一个特点，就是会告诉你，绳子的粗细是不均匀的。绳子上有的地方燃烧速度很快，嗖嗖嗖一会儿就烧完了；有的地方很粗，烧得慢腾腾的。

所以，如果绳子有的地方比较细，有的地方很粗的话，采用上面的方法是不行的。

怎么办呢？咱们可以这么去想：一根绳子，先从左边这头开始烧，烧完需要一小时，那么如果先从右边那一头开始烧的话，烧完肯定也是一小时。如果同时点燃绳子两端呢？半小时就能烧完了。因为这种情况下，绳子被烧掉的速度比从一头点燃快了一倍，时间当然也就缩短了一半。

因此，利用沙沙同学的腰带测出一分钟时间的方法，就是从腰带两头同时点燃腰带。

巧破魔法门

给八戒讲解完烧绳计时的问题后，我们站起来准备上路了。

按照之前的约定，今天应该由沙沙同学挑担子。沙沙同学用手提着裤子，望着小唐同学：“师父，我的腰带怎么办呀？你不是说已经想出解决办法了吗？”

“这个呀！”小唐同学说，“是……是这样的。昨晚你要摸黑去找腰带，为师担心你遇到妖怪，所以才安慰你说已经有解决办法了。”

“搞了半天，你没想出解决办法呀！”沙沙同学急了。

“办法还是有的。森林里有各种有藤的植物，比如野葡萄、紫藤、爬山虎……你可以先拿它们的藤来做腰带。”悟空说。

沙沙同学一听，觉得有道理，就说：“好吧，那就麻烦大家帮我找找。”

说完，沙沙同学挑起担子 ，一手提着裤子，出发了。

一路上，我们都在寻找有藤的植物，不一会儿，悟空就找到了一株野葡萄。他取了一段葡萄藤，去掉枝叶，递给了沙沙同学。

沙沙同学感激不尽，放下担子，把葡萄藤缠（chán）在裤腰上。这下，他不用再用手提着裤子了。

中午，大家都有些疲倦了。这时，八戒大喊一声：“快看，前面好亮呀！”

我们纷纷望向前方，果然，前方一片光亮，难道我们已经走到森林尽头了？

悟空和八戒等不及，一路向前飞奔过去。

“我们终于走出原始森林了！”八戒回头对我们大喊道。

我、小唐同学和沙沙同学也快步走了过去。哇！眼前是一望无际的平原，就在我们的前方，还有一个小镇，远远看去，小镇上人来人往，热闹非凡。

“肯定有大白馒头卖！”八戒一脸兴奋。

“肯定有腰带卖！”沙沙同学脸上满是期待。

就这么说笑着，我们蹦蹦跳跳地来到了集市上。集市上卖的东西可真不少，有各种新鲜蔬菜、水果，有美味扑鼻的煎饼，还有很多五颜六色的漂亮衣服……

我们左看看，右看看，心情好极了。

走着走着，我们突然听见一个人在高声叫喊：“来来来，一起来玩游戏吧！输了你只输10元钱，赢了就赚15元钱。来来来，快来看，快来瞧……”

我们循（xún）声望去，看见好多人围在一起，不知道在干什么。

悟空很好奇，拨开人群往里挤，我们也跟着挤了进去。一看，场地中央有3个一人高的大柜子，就像3扇门一样。

我们好奇地观看起来。

“现在，15元钱不是在1号门里面，就是在3号门里面，老大爷，您到底换不换？”场地中央的一个年轻人说。那个老大爷选了1号门，可他又有点儿迟疑不定。

“我……不换！”老大爷有些迟疑地说，“我相信我的感觉。”

“换吧！”旁边一个围观的人说，“您瞧刚才那年轻人的眼神，15元钱肯定在3号门里面。”

“对！”“换吧！”其他围观的群众也跟着说。

“好！我换3号门！”老大爷说。

年轻人一听，一下子就把3号门打开了，结果，里面空无一物。接着，年轻人又把1号门打开，里面有15元钱。

“可惜了！”

“不换就赢了！”

围观的群众纷纷说。

“再玩一局！”老大爷从口袋里掏出10元钱递给场地中央的那个年轻人。

年轻人接过钱，然后又把15元钱藏了起来。他藏的时候，动作很隐蔽，围观的群众根本看不到他把钱放在哪扇门里了。

“好吧！老大爷，您可以选择了！”年轻人藏好钱后，转过身对老大爷说，“15元钱就藏在其中一扇门里，到底是哪扇门呢？”

“我选1号门！”老大爷用颤抖的手，指着1号门。

“好的！”年轻人说完，就转身打开了3号门，3号门里面什么都没有。

“现在可以肯定了。”年轻人又说，“那15元钱就藏在1号门或者2号门里面。您还有一次机会，老大爷，您是坚持当初的选择和判断呢？还是改换成2号门？”

“这次不换了！”老大爷坚定地说。

啪！年轻人二话不说，打开了1号门，结果，里面什么都没有。他又打开2号门，里面放着15元钱。

“小伙子，我怎么回回都输呀？我都输了80元钱啦！”老大爷生气地说，“你这游戏一定有诈！”

“老大爷，群众的眼睛是雪亮的，有没有诈大家一看便知。”年轻人说。

“我就不信！”一个围观的中年男子说。

“大哥，既然你不相信，那你来主持，我来猜，你敢不敢来呀？”年轻人望着那个中年人。

“来就来！”中年人说完，就走到场地中央，从钱包里掏出 15 元钱藏好。

年轻人拿出 10 元钱递给中年人，然后说：“我选择 2 号门！”

中年人先打开了 1 号门，里面什么都没有，然后他说：“15 元钱就藏在 2 号门或者 3 号门里，你换不换？”

年轻人想了一会儿，然后说：“我换 3 号门。”

中年人一听，脸色立马不好了，他打开 3 号门，果然，15 元钱就藏在里面。

中年人把门里面的15元钱，加上刚才年轻人的10元钱，一共25元钱递给了年轻人。接着又掏出15元钱，藏在3扇门中的某扇门里面，然后回头大声说：“再来！”

“没问题！”年轻人拿出10元钱交给中年人，接着仔细观察了一下3扇门，又看了看中年人，然后说，“我选3号门！”

中年人转身打开1号门，里面什么都没有，接着回头说：“现在，可以肯定15元钱要么在3号门里面，要么在2号门里面，你换不换？”

年轻人手摸下巴，盯着中年人看了又看，想了半天，一时间拿不定主意。这时，他身后一个围观的群众说：“换！应该在2号门里面！”

年轻人回头对那个围观的群众说：“好，我相信你的感觉！我换2号门！”

中年人一听，脸色又不好了。因为15元钱就藏在2号门里。中年人不服，又玩了一把，结果还是输了。他一共输了45元钱，闷闷不乐地离开了。

“还有谁想玩？”年轻人大声问。

“我来！”说完，我站了出来。

“寒老师，你疯了！”小唐同学拉着我的手，“你没看见大家都输了吗？”

“那是他们运气不好！快快快，你们身上还有多少钱？”

“我有 60 元钱。”八戒说，“但这钱我准备买馒头，不能给你。”

“输了我赔你 120 元钱！你还不相信我吗？”

“好。”八戒说完，从箱子里翻出 60 元钱给我。

“还有谁有钱？”

“我有 40 元钱。”沙沙同学说，“但我准备用这钱买腰带，不能给你。”

“你放心，就算我输了，我也会买一条腰带给你。”

“不行！除非你把自己的腰带送给我，否则我不会把钱给你。”沙沙同学说。

“没问题！我如果输了，就把自己的腰带送给你。”

沙沙同学这才放心，给了我 40 元钱。现在，我手上总共有 100 元钱。

“你是在下面猜，还是上来主持？”年轻人微笑着问我。

“我先在下面猜吧。”

“好嘞！”年轻人把 15 元钱藏在某一扇门里面，然后转头问我，“你选哪扇门？”

“2 号！”

“啊！”小唐同学说，“寒老师，你得想一下呀！想也不想就选 2 号。”

“有什么好想的？反正就是凭运气，就是2号！”

年轻人打开1号门，然后说：“好了，我已经剔（tī）除掉没有钱的1号门了，现在，那15元就藏在2号门或者3号门里面。你换吗？”

“我换3号门！”

年轻人啥也不说，打开了3号门，里面啥也没有，我输了10元钱。

“再来！”

“寒老师，你别玩了！”小唐同学说，“这个游戏就是赌博！十赌九输，赌博不好！”

“你别管我,再来！”说完，我又递了10元钱给那个年轻人。

“你们快劝劝寒老师！”小唐同学说，“他今天赌性大发，肯定要出事。待会儿他把腰带都输没了可怎么办？”

“我不劝。”八戒说，“他要是输了，得赔我120元钱呢。”

说话间，年轻人已经藏好钱了，转身问：“你选哪扇门？”

“1号门！”

接着，年轻人打开2号门，说：“我已经剔除了没有钱的2号门，你是坚持最初的选择，还是换门？”

“我换3号门！”

“别换！”小唐同学说。

“为什么不换？”

小唐同学说：“上次你输就是因为换门，你要相信第一感觉。”

“我换3号门！”

“真的要换吗？”年轻人又问。

“换！你快开门！”

“别换别换！”有一个群众劝我道，“肯定在1号门里面！”

“我换！快开门！”

年轻人打开了3号门，钱在里面。这次我赢了15元钱，上次输了10元钱，等于现在我赢了5元钱。

“再来！”我又给年轻人10元钱。

第三次，我还是选择换门，结果，我又赢了。

第四次，我还是选择换门，又赢了。

第五次，我依然选择换门，输了。

第六次，我选择换门，赢了。

第七次，我选择换门，结果输了。

年轻人看我又输了一次 ，就说：“你要不要上来当主持？”

“我不当，我喜欢猜！再来！”

第八次，我还是选择换门，赢了。

第九次，我输了。

第十次，我赢了。

…………

我总共玩了 15 次，输了 5 次，赢了 10 次。

“寒老师，见好就收！快别玩了。”小唐同学说。

“还玩！”

“别玩了，咱们赶紧跑吧！”八戒说。

“为什么要跑？我还得玩！”

那个年轻人看我运气这么好，有点儿犹豫了，但当着这么多人的面，也不好说什么，只好让我继续玩。

我又玩了 20 次，每次我都选择换门，结果，我输了 7 次，赢了 13 次。

“玩，接着玩！”

“寒老师，咱们快走。”小唐同学又催促道。

“慌什么，把他的钱赢完了再走。”

“不跟你玩了！”年轻人铁青着脸，“你运气太好！”

“那让我来！”刚才输钱的老大爷说，“我知道怎么玩了，只要每次都选择换门就行了。”

“哼！”年轻人一脸愤怒，“你既然知道怎么玩了，那我干吗还跟你玩？”

“你耍赖！你要是不让我玩，就把我输的钱还我！”老大爷气呼呼地说。

年轻人不管他，开始收摊儿。这时，有一些人也上前跟着收摊儿，而这些人，之前就站在围观的群众中，原来他们是一伙儿的。

老大爷看见他们人多，而且个个人高马大，就不敢再说话了。

正当我们在数钱，算一算到底赢了多少的时候，几个壮汉走过来，围住了我们。

“刚才你们使了什么魔法，为什么赢那么多？”一个壮汉恶狠狠地看着我们。

“肯定使了魔法，你看这两个家伙长相怪怪的，一个像猴子，一个像猪。你们快把赢的钱交出来！”另一个壮汉说。

第三个壮汉则拿出匕首，在我们面前晃了晃，说：“否则让你们吃不了兜着走！”

小唐同学一看这架势，吓得紧紧抓住悟空。

但是悟空面不改色，一脸微笑：“原来你们是一帮恶人，赢了好说，输了就要抢钱。”

“是你们使诈！”一个壮汉狡辩道，“交不交钱？”

“不交！”悟空说。

话刚说完，一个壮汉就把拳头挥向悟空，悟空一把抓住他的小臂，他就动不了了。接着，悟空飞起一脚，把这个壮汉踢飞了。

其他壮汉见状，一起向悟空打来，结果，悟空一脚一个，把四五个壮汉全部踢翻在地，他们一个个在地上疼得直打滚。

围观的群众见状，纷纷拍手，大声叫好。

八戒走上前，又给每人补了一脚，一边使劲踢还一边解气地说：“我长得很怪吗？我长得很怪吗？”

主持游戏的那个年轻人见状，害怕了，想偷偷逃跑，结果被沙沙同学抓住了。

“把老大爷的钱还给他！”沙沙同学命令道。

年轻人求饶：“大哥，我的钱都被你们赢走了，我没有钱了！”

“说谎！”沙沙同学说完，就开始搜年轻人的身，结果搜到了不少钱，他从中拿出 80 元钱，递给了那个输钱的老大爷。

“还有谁刚才输钱了？”

“我输了 30 元钱！”围观的人中，一个中年女子站出来说。

“我输了 50 元钱！”一个年轻人站出来说。

…………

沙沙同学把钱如数还给了这些人。

“走！我们吃面条去！”八戒满脸笑容。

“走走走！”沙沙同学也高兴极了，赶忙挑起担子，找面馆去了。

路上，悟空问八戒：“你怎么不吃馒头了？”

“赢钱了嘛，哈哈哈！”八戒笑得合不拢嘴。

我们找到一家面馆，每人要了一大碗面条，然后就开始吃起来。

“寒老师，咱们赢了多少？”小唐同学边吃边问。

“我算算。”说完，我把所有钱拿出来，并从中挑出60元钱还给八戒，把40元钱还给沙沙同学，然后一数，居然赢了275元钱。

“275元钱！”八戒一脸兴奋，“咱们发财啦！”

“你得给我买条好腰带！”沙沙同学说。

“没问题！”

“哈哈哈，太好了。”沙沙同学高兴极了，“寒老师，为什么前面的人都输了，而你赢多输少？”

“因为我数学好呀！”

“这不是赌博吗？怎么还跟数学有关系？”小唐同学问完后，又转头，“老板，再来一碗面！”

“我也要！”

“我也要！”

八戒和沙沙同学也跟着说。

“还有我！”悟空说完，把头扭向我，“来来来，咱们边吃边聊。寒老师，你快说说，刚才那个3扇门的游戏，为什么跟数学有关系？”

三门问题

故事中，寒老师在街上玩的游戏其实涉及到了一个数学问题——三门问题。不少同学可能纳闷儿，为什么寒老师每次想都不想，就选择其中的一扇门，接着又毫不犹豫都选择换门，而且还赢多输少呢？

其实，三门问题是一个经典的数学问题，虽然类似的问题早就出现过，但是有一次，这个问题被搬上了电视荧幕，结果一下子变得出名了。

美国有一个电视游戏节目，主持人叫蒙提·霍尔，他曾和场下的观众们玩过这个游戏。当时的游戏规则是这样的：有3扇门，其中一扇门的后面有一辆汽车，如果你选中了这扇门，那么门后面的汽车就属于你；另外两扇门后面各藏有一只山羊，如果你选中的是藏有山羊的门，那么你将一无所获。

过程是这样的，当你选定了一扇门，但还没有开启它的时候，节目主持人会开启剩下两扇门中的一扇，露出门后的山羊，这是因为主持人可以提前知道每扇门后面藏有什么，所以在你选定一扇门后，他就会把一扇藏有山羊的门打开。

最后，关键时刻来了，主持人会问你：你是坚持最初的选择，还是换另一扇未开启的门？

想想，如果是你，你会换门吗？

很多人选择不换

咱们来看看，为什么会有人坚持不换门。

3扇门，只有一扇门后面有车，其他的是羊。当你选择了1号门，主持人打开了有羊的3号门，那么显然，汽车要么在1号门后，要么在2号门后。不少人以为，这就像抛硬币，可能正面朝上，也可能反面朝上，正面朝上的可能性占一半，反面朝上的可能性也占一半。

同理，汽车有一半的可能在1号门后面，有一半的可能在2号门后面。既然可能性是对半分，那换与不换有什么区别呢？万一本来选对了，换门后反而选错了，那岂不是更让人懊恼！

瞧，这就是那些人选择不换门的理由。

必须要换

然而，正确答案是：必须要换门，因为这会增加一倍获胜的可能性。为什么呢？

你瞧，3扇门里，只有一扇门后面有汽车，而你开始的时候随机选择一扇门，那么这扇门有汽车的可能性是多少呢？答案是三分之一。接着主持人打开了另一扇有羊的门，因为你坚持不换门，所以你选中有汽车的门的概率就不会出现变化——依旧是三分之一。

假如每次都换门呢？那结果肯定就不一样了，咱们来举例分析一下。

第一种情况（三分之一概率）：

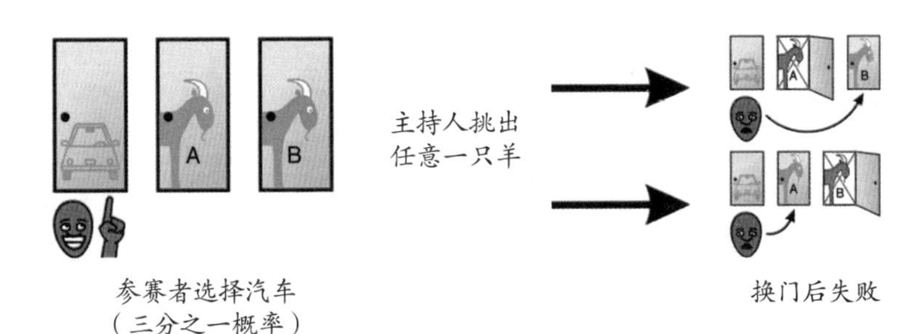

第一种情况，你本来就选中了有汽车的门，但是当主持人打开另一扇有羊的门后，你选择换门，结果，你选到了一只羊。你输了！

第二种情况（三分之一概率）：

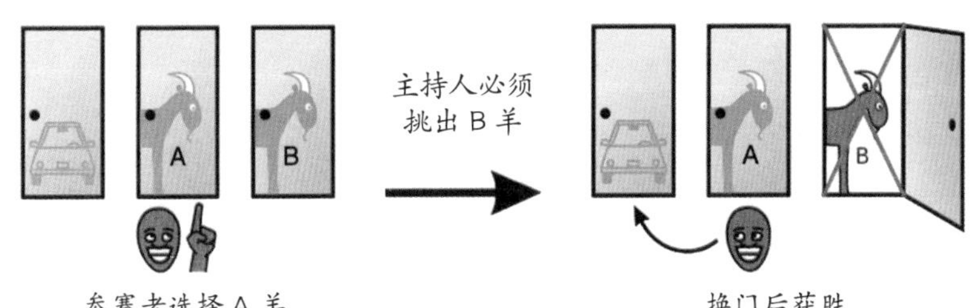

第二种情况，你本来选中的是有羊 A 的门，但是当主持人打开有羊 B 的门后，你选择换门，结果，你选到了汽车。你赢了！

第三种情况（三分之一概率）：

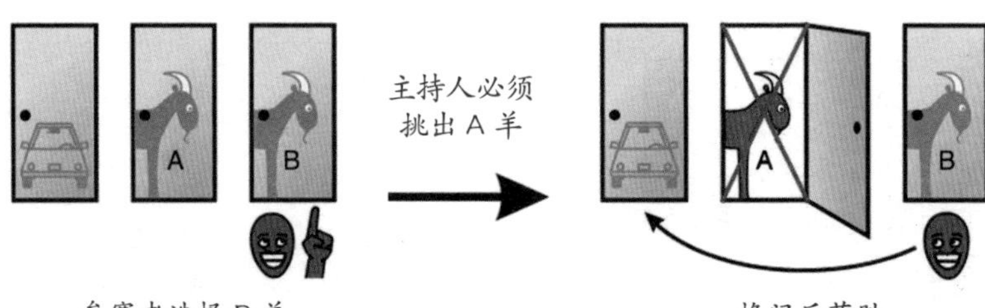

第三种情况，你本来选中的是有羊B的门，但是当主持人打开有羊A的门后，你选择换门，结果，你选到了汽车。你赢了！

瞧，如果你每次都选择换门的话，那么玩3局，你平均会赢2局。如果玩300局的话，那么你平均会赢200局，玩得越多，赢得越多。

通过对上面这三种情况的分析，同学们很容易发现，在坚持换门的前提下，凡是一开始选中有汽车的门就会输（情况一），凡是一开始选中有羊的门就会赢（情况二和情况三）。那么，一开始选中有羊的门的概率是多大呢？因为3扇门里有两扇门的后面有羊，选中有羊的门的概率是三分之二。也就是说，如果你每次都坚持换门的话，你选中有汽车的门的概率是三分之二，而不再是三分之一。

一测解争端

吃完面条后，我们每人又喝了一杯茶，才心满意足地上路。路上，八戒买了好多大馒头，我给沙沙同学买了一条新腰带。

小镇其实不大，走完整条街，也就出小镇了。眼前是一片黄灿（càn）灿的稻田，稻田的前方是一个小村子，远远看去，村子里聚集了很多人，很热闹的样子。

“也许村子里今天有人娶媳妇！”八戒望着前方，咽了咽口水。

“娶媳妇也不关你的事呀！”小唐同学说。

八戒说：“咱们可以去讨点儿喜糖吃嘛！”

“这倒也是。”小唐同学来了精神，“咱们快点儿走。”

穿过稻田，我们来到了村子的边上。我们一看，这哪儿是什么娶媳妇呀，村子里人声鼎沸，骂声震天，两拨人各拿着锄头、扁担、镰刀，正准备打群架呢。

“原来是这样！”小唐同学很失望。

“你们在这儿等着，我先去了解一下情况。”说完，悟空就往人群中走去。

“我也去。”我也跟了过去。

准备打群架的双方各有 30 多个人，势均力敌。

两拨人站在一棵大槐（huái）树下，互相指指点点，骂声一片，看这架势，估计再过一会儿，双方就要打起来了。

“你们络仙村就是个无赖村！”人群中，一个留着一脸胡子的壮汉大声喊道。

络仙村的人也不甘示弱，一个男子指着大胡子骂道：“你们砂锅村就是个骗子村！”

哦，原来是两个村子有纠纷，所以村民在这儿发生了争执，准备打架呢。

“地我们不卖了！” 络仙村的一个男子拿着镰刀指向砂锅村的人，大声说，“你们爱去哪儿修路就去哪儿修。不过，如果你们占一点儿络仙村的地，我们跟你们没完！”

“有你们这么无赖的吗？”砂锅村的一个大伯抬手道，“我们都把路修了，你们才说不卖！”

“面积少算那么多，凭什么要卖？”络仙村的人说。

“那你们算呀，早干什么去了？”砂锅村的一个男子鄙（bǐ）夷（yí）地说，“你们络仙村就没有读过书的人吗？全是文盲吗？”

“你们才是文盲！”络仙村的那个男子高举镰刀，准备向对方砍去。

而砂锅村的人见状，纷纷高举扁担和锄头……

在这千钧（jūn）一发之际，悟空大声喊道：“住手！”

悟空声响震天，一下子，双方顿时没声音了，看向我俩。悟空快步走到两拨人中间，抬起双手，安抚道：“大家少安毋（wú）躁！少安毋躁！”

“你是什么人，哪个村的？”络仙村的一个人指着悟空，“赶紧走开，小心我的扁担不长眼！”

“我不是哪个村的。”悟空说，“我是过路的。”

“对对对，我们只是过路的。”我走上前，笑着说，“你们对某块地的面积大小有争议，这很好解决，再重新算算就好了嘛！没必要大动干戈（gē）。”

“要是好算，就不会这样了！”砂锅村的一个人说，“你们赶紧走开！”

那人说完，两边又要准备动手了。

“且慢！”我大声说道，“砂锅村的村长来了吗？”

“来了！”一个拿着扁担的大伯站了出来，“就是我！”

“那络仙村的村长来了吗？”我又问。

“我就是！”刚才拿着镰刀的那个大伯说。

“好，我就称呼你们为砂村长和络村长。”我说，“两位村长，请带我去那块地看看，我或许能帮你们算出来。”

“看了也没用！你走开！”络村长说。

“谁说没有用？”悟空生气了，“我们肯定能给你们算出来！如果算不清楚，你们两个村的人尽管找我们好了。”

“真的？”砂村长说，“行！就相信你们一次，咱们走！”

说完，砂村长和络村长各带着自己村的人，风风火火地往那块地走去。

八戒他们已经跟了上来，小唐同学一脸忧愁：“悟空，你连那块地长什么样都不知道，怎么能说大话，万一算不出来呢？”

“反正有寒老师呢。”悟空说。

“我……我也不一定能算出来呀！”我发起愁来，“唉，我还以为你有别的办法呢。”

“别担心。”悟空说，“就算我们算不出来，两个村的人走一段路后，气就消了，也就打不起来了。”

过了一会儿，我们来到了那块地附近。

“就是这块地！”络村长用手指了一下，然后望着我们几个人。

我们一看，哎呀，真是麻烦了。这块地既不是三角形，也不是正方形，更不是长方形，有点儿像梯形，但又不是真正的梯形。

更麻烦的是，这块地的中间已经有一段路穿过，而这段路呢，也不是标准的长方形。

络村长说：“这块地是我们村的，而中间那段路，是砂锅村买了我们村的地修的。”

悟空一看，也发起愁来：“这段路4条边都不一样长。哎，我说你们，当初买卖土地的时候，怎么不算清楚呢？”

村民们一听悟空这么说，失望极了。有个村民嘲笑说：

“我还以为你们是文化人呢，原来跟我们一样，也是些粗人。”

“你们到底会不会算？”砂村长看着我们，“如果不会，就别浪费时间了。”

“这块地的总面积是多大我们都不知道，怎么算？我们需要皮尺。”我心里想，慢慢耗他们的时间，等他们把皮尺找来，也许大家的火气就消得差不多了，也就打不起来了。

可不曾想，络村长却说：“不需要皮尺，这块地的总面积是800平方米，以前分田地的时候，测量队算出来的，不会有错！”

“哦，是这样……”我心里想，这下糟了，缓兵之计没用成，“嗯……那么，这段路又是什么情况呢？”

砂村长说：“我们当时买地的时候，量了一下，路这边的长度是地边长的一半，路那边的长度也是地边长的一半。”

“砂村长，你说的是什么，我不太明白，你能不能简单地画一下图？”

“就是这个意思，你看……”砂村长边说边在地上画起来。

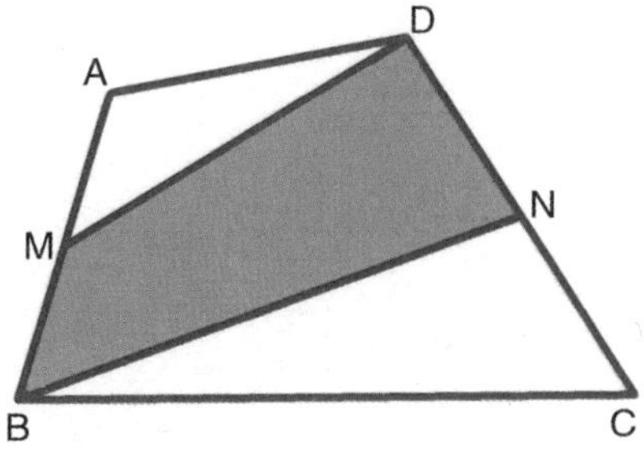

“我的意思是，AB和CD是这块地的两条边，M点和N点分别是AB和CD的中点。”砂村长说。

“那么，当时MBND这块地，你们算的是多少平方米？”悟空问。

“350平方米！”络村长站出来说，“当时是估算的，根本就不准，后来我们又重新估算了一下，应该在450平方米左右，之前少算了100平方米呢！”

“少算？”砂村长生气地说，“当时你可是答应得好好的！事后又要无赖！有意思吗？”

络村长也怒了：“当时你们请我喝酒，喝完酒我就晕了，当然估算不准了。”

“那你现在就能算准了？”砂村长反问。

“八九不离十，总之你们村少算了100平方米的钱。”络村长说。

“你现在估算的就准吗？怎么证明？你怎么不说少算300平方米呢？”砂村长又反问。

“你们说少算就少算？”

“还讲不讲道理啦？”

“就会耍无赖，有意思吗？”

…………

两拨人越吵越厉害，眼看又要打起来了。

悟空一看，急了，蹿过去，挡在中间，大声说：“都给我住手！”

“走开！你也解决不了什么问题！”络仙村的人对悟空大喊道。

“我……”悟空支支吾吾，“我……”

“等等！”我冲过去，大声说，“如果我能把中间那段路的面积算出来，你们是不是就能握手言和了？”

“你能算出来吗？”络村长问。

“我能算出来！但你们要答应我，如果我算出的结果比350平方米还少，你们要把多收的钱还给砂锅村；如果我算出的结果比350平方米多，砂村长要把少付的钱给络仙村。”

络村长说：“如果你真算出比350平方米还少，我们答应把多收的钱退给他们！”

说完，络村长盯着砂村长。

砂村长不甘示弱：“假如你算的面积真比350平方米还要多，哪怕就是多300平方米，我们也补钱！前提是你得算对！”

“好！咱们回村里，找一块黑板，我这就给你们算出来！”

说完，我们一大伙人又重新回到了刚才的那棵大槐树下，络村长叫人抬来一块黑板，还拿来了几根粉笔。

“为了求出MBND的面积，咱们在B点和D点之间画一条线段BD。然后，咱们先来看这两个三角形：三角形AMD

和三角形MBD，这两个三角形的面积相等！”

“为什么呀？”络村长问。

“三角形的面积公式大家知道吗？就是0.5× 底 × 高。”说完，我又转身，在黑板上画了一个三角形。

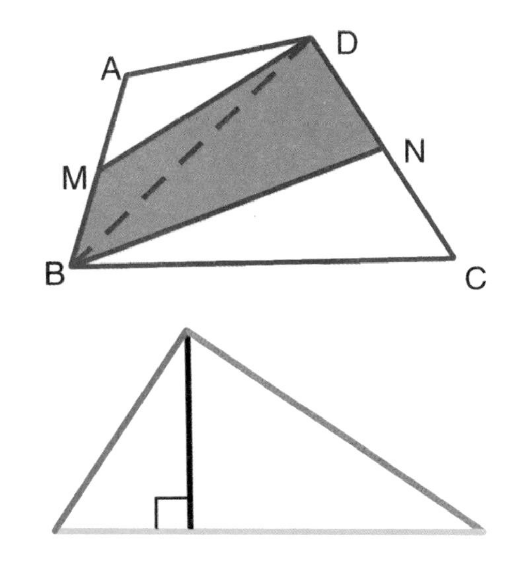

“瞧，红绿蓝三条边组成的这个三角形，绿边如果作为底的话，那么这个三角形的高就是那条黑线，这个三角形的面积就是0.5× 底 × 高。”

“三角形的面积公式我们知道。”络村长说。

“我们也知道。”砂村长也说。

“好，那么你们现在看三角形AMD和三角形MBD，它们的底其实是一样长的。因为三角形AMD的底是AM，三角形MBD的底是MB，刚才你们也说了，M是AB的中点，所以AM和MB等长。”

络村长皱着眉头：“底相等，这个不假，但是高呢？”

“高也相等！”说着，我又在黑板上画起来。

“咱们把BA这条线段延长，然后经过D点画一条与BA

延长线垂直的线段DE。你们瞧，线段DE就是三角形AMD和三角形MBD共同的高，是不是？”

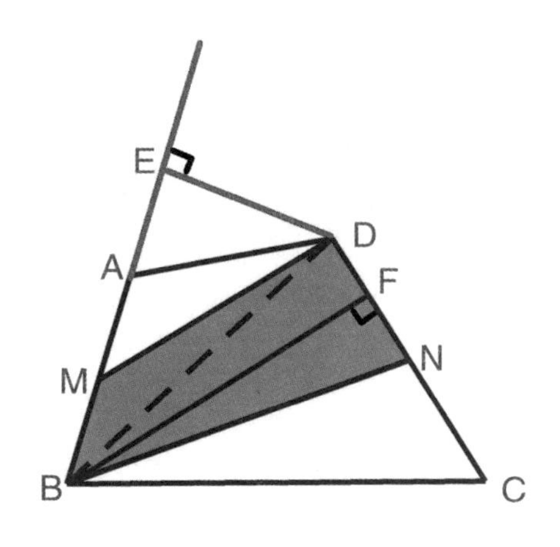

“哦……对！”络村长说。

“两个三角形，既然底是一样长，高也是一样长，那么这两个三角形的面积肯定相等。”我说。

“明白了，然后呢？”砂村长问。

“咱们再来看，三角形DNB和三角形NCB，这两个三角形的底边也是相等的，因为之前你们说了，N是DC的中点，所以DN和NC一样长。最后来看这两个三角形的高，经过B点画一条与CD垂直的线段BF，BF就是这两个三角形共同的高。所以，三角形DNB和三角形NCB的面积也是一样的。”

“对对对！”络村长激动地站起来说。

“那么，我们能得出什么结论呢？”我转身问大家。

八戒站起来说：“图中阴影部分的面积等于空白部分的面积！”

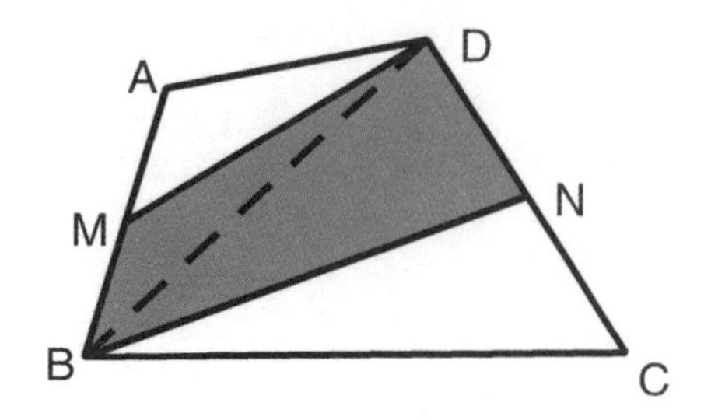

“络村长和砂村长，你们同意吗？”我问他俩，“就

是图中阴影部分的面积等于空白部分的面积。”

“同意！”两人异口同声地说。

“好！既然那块地总面积是800平方米，那么中间这段路所占的面积应该就是400平方米。”

“就是嘛！”络村长说，“才不是什么350平方米呢！”

“那也不是450平方米呀！”砂村长说。

“砂锅村补给络仙村50平方米的钱，你们有意见吗？”

“没意见！”两个村长说。

于是，两村的人纷纷站起来，笑呵呵地走了。砂村长把钱补给络村长。收完钱后，络村长走过来，对我们说：“走，几位，到我家吃饭去！”

“去我们村！”砂村长走过来，拉着悟空的手。

一下子，我们不知该去哪里了。

“凭什么去你们村呀？”络村长说。

“络村长，咱们的纠纷已经解决了。但是我们村的两户人家，也是因为土地面积算不准，闹了好多年的矛盾了，现在还没有和好。你就让这几位文化人先到我们村好不好？”

络村长一听，只好答应了。

于是，我们跟着砂村长来到了砂锅村。到了村里后，好几个人指着我们给村里其他人介绍说：“瞧，就是这几位，刚才帮我们村和络仙村解决了纠纷。”

“他们的测算方法可精妙了！”

“把他们留在咱们村当女婿（xu）吧！哈哈哈……”一个大妈听后，笑哈哈地说。

女婿？八戒一听，急忙回头看着大妈，嘿嘿嘿，又嘿嘿嘿地笑个不停。

可大妈一看见其貌不扬的八戒，一下子就不笑了，眼睛瞪得大大的，像是受到了惊吓。

到了砂村长家后，村长给我们做了一大桌丰盛的饭菜，我们大吃了一顿。

吃完饭，沙沙同学摸了摸肚子，问：“砂村长，刚才你说的纠纷……是什么？”

“走，我带你们去看看。”说完，砂村长就带着我们出了门。我们拐了几个弯，来到一户村民家。这户村民家里只有一个大妈，他的丈夫和儿子都外出打工了。

“大妈，您跟哪家有土地纠纷呀？”小唐同学关切地问。

“唉……都好多年了。”大妈说着，眼睛一下子就湿润了，“也就那么一点儿小面积，真是不值得。”

“大妈，您快带我们去看看。”八戒说。

于是，大妈带着我们来到她家的房子后面，指着一条小路，说：“我家土地少，房子后面都没有地方了，于是我们就从邻居家买了一些地，修了这条小路。”

大妈一边说，一边带着我们走了一趟这条小路。这条小路七拐八拐的，面积一看就不好测算。

“大妈，这条路有多宽？”悟空问。

“也就2米宽，不多。”大妈说，“但是……邻居家不这么认为，他们说有的地方远大于2米，我们付完钱后，他们又多次让我们补钱，我们不补，结果两家就闹矛盾了。”

我们走完了整条小路，回到了屋里。为了便于跟大妈讲解，我画了一张图。

“大妈，您指一指，哪些地方有争议？”我问。

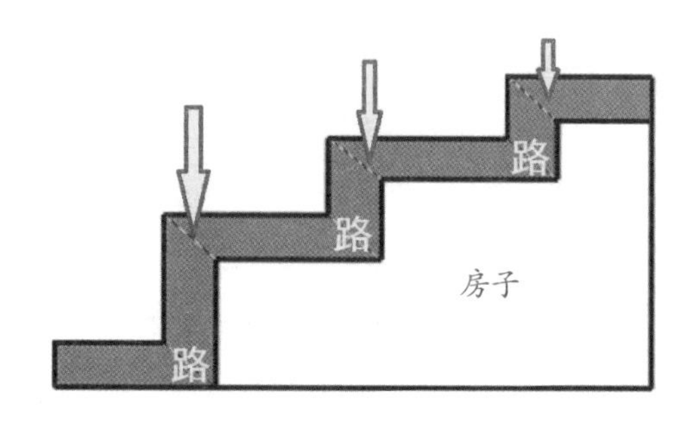

“就是这里，这里，还有这里！”大妈在图上指了起来。

原来是这样，大妈说的有争议的地方是房后的拐角处。

“如果是这里的话……”八戒说，“这里确实比 2 米还要宽。”

“啊？”大妈委屈极了，“可是我们测来测去，面积还是那么大呀。我们不骗人。”

“那么这条小路，当时你们测的面积是多大呢？”小唐同学问。

“64 平方米。”大妈说，“测了好几遍都是这样。”

“咱们再测算一遍吧！”我指着图对大妈说。

大妈告诉了我们几个数，画在图上是这样的——

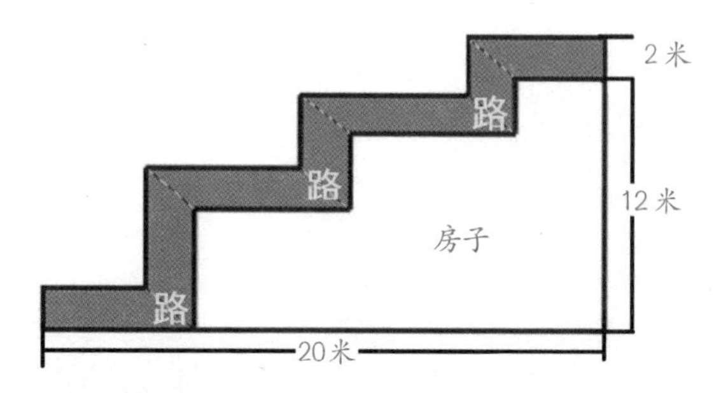

我盯着图思考了一会儿，很快就有答案了。

“大妈，你们测算得没错，确实是 64 平方米！”我对大妈说。

“真的吗？太好了！”大妈一脸感激，“但是邻居怎么也不相信，不知道怎么说服他们才好。”

我转身对村长说：“砂村长，麻烦你去把邻居叫来，我们负责说服他。”

“好嘞！”砂村长说完，就转身出去了。

“寒老师，你到底是怎么算的？”小唐同学一脸疑问。

“非常简单，你们几个快想想，看谁第一个想出来。”

唐猴沙猪立刻盯着图，聚精会神地思考起来。

不出 10 分钟，大家就全部想出来了。八戒的测算方法最妙。此时，村长也把大妈的邻居请来了，他是一个大伯。

我走过去指着图问：“大伯，您看，在这张图上，这里是 20 米长，这里是 12 米长，而路宽是 2 米，您同意吗？”

“但是这里不止 2 米！”大伯指着拐角处说，“虽然我读书少，但你们别想骗我，用眼睛就能看出来，这里肯定不止 2 米！”

“大伯，您说得对！”八戒蹿过来，“拐角处确实不止 2 米，但是没有关系，您先坐下，我来给您算算，这条路为什么是 64 平方米。”

说完，八戒就一边画图，一边给大伯讲解起来。

巧测面积

故事中，大妈家房后的小路拐来拐去，一眼看去，面积确实很难测算。但是，我们可以用“乾（qián）坤（kūn）大挪移”的方法，把不规则的图形变成规则的图形，这样就容易测算面积了。

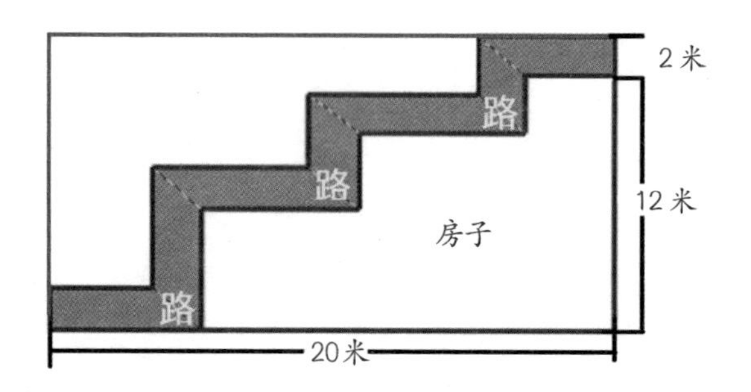

如上图，虽然这条小路拐来拐去，但可以在图的上边和左边再画出两条线，于是，就出现了一个大长方形。

然后，咱们把小路分成7小块，如下图：

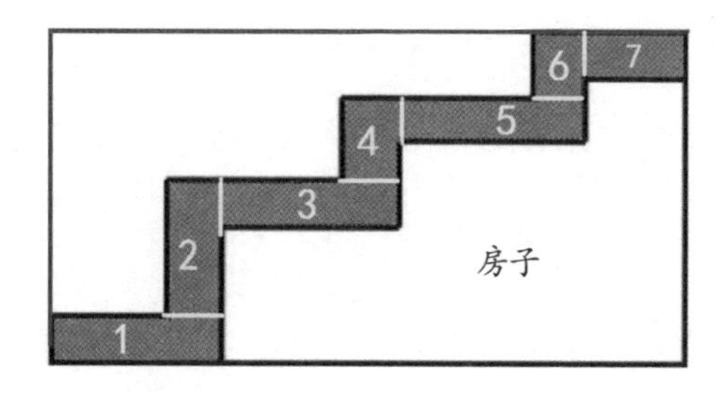

最后，咱们把3、5、7这3个小块分别往下平移，再把2、4、6这3个小块分别往右平移——

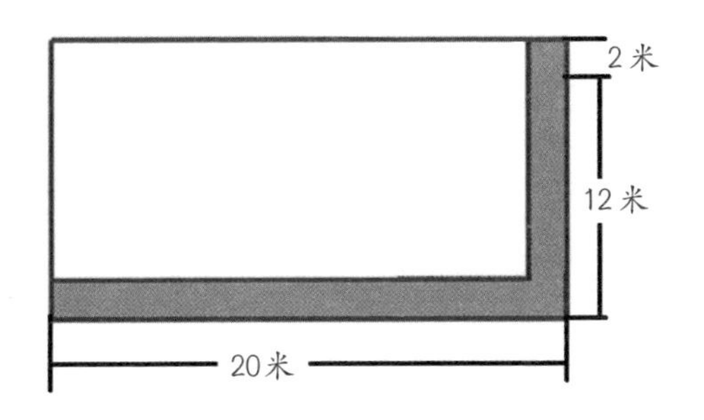

瞧，阴影部分（路）本来七拐八拐的，但是经过这么一挪移，就变得规则多了。

阴影部分的面积等于多少呢？很简单，用大长方形的面积减去空白部分小长方形的面积就可以了。

大长方形的面积等于：长 × 宽 = 20×（12 + 2）= 20×14 = 280（平方米）；

小长方形面积（空白部分）：长 × 宽 =（20 − 2）×（14 − 2）= 18×12 = 216（平方米）；

于是，阴影部分，也就是路的面积等于：

大长方形面积 − 小长方形面积 = 280 − 216 = 64（平方米）。

八戒讲完后，抬头看着大伯，微笑着说：“大伯您看，我这样算，对吗？”

“太对了！”大伯说，“那条小路拐来拐去的，经你这么下移移，右移移，就成直的了。没错，就是64平方米！”

大伯说完，又转身，一脸不好意思地说：“老邻居呀，真抱歉，原来一直是我算错了。”

“唉，这么多年了……”大妈说着说着，眼睛又开始湿润了，“现在，你明白了就好。以后，咱们还是好邻居。”

和他们告别后，已经是傍晚。沙沙同学挑着担子，我们又上路了。

八戒在路上，一蹦一跳的，心情大好。他高兴地对我说：“数学真好，会点儿测量的方法和技巧，还能解决不少邻里纠纷呢。”

“在你眼里，数学难道就这点儿用处？”

“寒老师，那还有什么用？哦，对了，在玩三门游戏的时候，可以多赢几次！”

“这些全是雕（diāo）虫小技啦！你知道吗？只凭一束阳光，我就能把地球的周长测出来。”

“一束阳光？怎么可能！”八戒一脸惊讶，“哦，我知道了，寒老师的意思是，让一束阳光绕地球转一圈，然后再测量那束阳光的长度，哈哈哈……”

其他人一听，也禁不住笑起来。

“爱信不信！”

“好好好，我们信！”八戒指着夕阳，“寒老师，你看，现在还有阳光呢，要多少有多少，那么请你把地球的周长测一下吧。”

“都不需要我动手，早在2000多年前，就有一位古人利用一束阳光把地球的周长测出来了。”

“2000多年前？”小唐同学一脸不相信，“寒老师，他有什么高科技手段吗？仅凭一束阳光？”

“不相信的话，咱们就穿越回去，一看究竟呗。”

“我赞同！”悟空马上举手，“我就好奇了，谁能利用一束阳光把地球的周长测出来，不去看一下，我还真不相信。”

我们又继续往前走，来到一片树林里，在一棵大杨树下休息。过了一会儿，悟空就施展法术，我们几人穿越到了2000 多年前，来到地中海南岸的一座著名的港口城市——亚历山大港 。

我们身后是碧波荡（dàng）漾（yàng）的大海，海面上很多帆船来来往往，无数的海鸥在天上飞来飞去……

好一个海边美景！

“寒老师，这里好热呀！”沙沙同学放下肩上的担子，不停地擦汗。

“那当然！因为今天是夏至日，太阳直射北回归线呢！”

“你说的那个测出地球周长的人是谁？”八戒问。

“埃拉托斯特尼！他是亚历山大港图书馆馆长。咱们快些走，今天他就要测量地球周长，晚了就看不到了！”

“啊？你早说嘛！”沙沙同学赶紧挑起担子，“走走走，咱们赶紧找他去。”

说完，我们一路打听，问了好几个人后，终于找到了埃拉托斯特尼。

此刻，埃拉托斯特尼站在一根直直的大木桩下，手拿一根细长的棍子，正在观察那根大木桩的影子。我们赶紧走上前，向他问好。

“埃拉托斯特尼先生，您在干什么？”八戒问他。

“别跟我说话！”埃拉托斯特尼头也不回，看也不看我们一眼。他一会儿用手上的棍子比一比影子的长度，一会儿又在纸上画一画。

过了一会儿，埃拉托斯特尼终于抬起了头，一脸满足，频频点头，还自言自语：“嗯嗯，应该没错了！”

“什么没错了？”小唐同学见他面露笑容，急忙问。

“地球的周长！”埃拉托斯特尼说。

“我才不信呢！”八戒说，“您就凭这根木桩，还有它的影子，就能测出地球的周长？您知道地球有多大吗？”

“呵呵，现在知道了，地球的周长是 4 万千米左右。”埃拉托斯特尼摸着自己的长胡子，笑呵呵地说。

“啊？”悟空转头向我，一脸惊讶，“这真是奇怪了，我们又没有告诉他地球的周长到底是多长，他这个生活在 2000 多前的人，怎么就知道了呢？”

“你告诉他？他告诉你还差不多！埃拉托斯特尼可是历史上第一个测出地球周长的人呢！”

“第一个？”小唐同学一听，转头看向埃拉托斯特尼，一脸佩服的表情，“埃拉托斯特尼老师，埃拉托斯特尼老先生，请您教教我们，您是怎么测出地球周长的？”

“我知道地球是圆的！”埃拉托斯特尼说。

“这个我们也知道呀！”小唐同学不解地问，“单单知道这一点也测不出地球的周长吧？”

“还有，现在是正午时分，此刻在阿斯旺，阳光直射地面，阿斯旺的物体都没有影子。”埃拉托斯特尼边说，边往图书馆走去。

我们紧跟着他。小唐同学在身后问：“阿斯旺是哪里？”

“一座距离这里很远的城市，那座城内有一口深井。此时，井底的水上会出现太阳的倒影，这说明阳光是直射地面的。”埃拉托斯特尼解释道。

“您怎么知道的？您又不在那座城市。”悟空问。

“这是书上记载的。”

“然后呢，光凭这些也不能测出地球的周长吧？”八戒说。

“亚历山大港的阳光，与木桩的夹角是7度左右。”埃拉托斯特尼说完，停下了脚步，转身对我们说，“我已经把所有我知道的情况都告诉你们了，很抱歉，我还有很多后续工作要做，就不陪你们了。”

说罢，埃拉托斯特尼就快步离开了我们。

“他怎么说走就走了！”悟空一脸不高兴地说，“我们还没搞明白，他到底是怎么测出地球周长的。他说的7度是指什么，这是什么度呀？温度吗？”

“我来告诉你们吧！”

认识“度”

你从学校里获得了一张奖状，回家后，你想把它贴在墙上，让所有来你家做客的客人都能一眼看到这张奖状。

在墙上贴奖状的时候，你回头问妈妈：“妈妈，您快看，我的奖状贴歪了吗？”

“歪了歪了！”妈妈说。

“歪了多少？”你问妈妈。

“歪了好几度呢，你右边别动，把左边往下移。”你妈妈说。

瞧，右图中，奖状与水平方向有一个夹角，可是这个夹角到底有多大呢？怎么把它形容出来呢？此时，就得用“度”这个单位来表示了。角度角度，就是角的度数。

如下图，OB和OA的夹角是30度，OC和OB的夹角也是30度，OC和OD的夹角也是30度。OC和OA的夹角就是

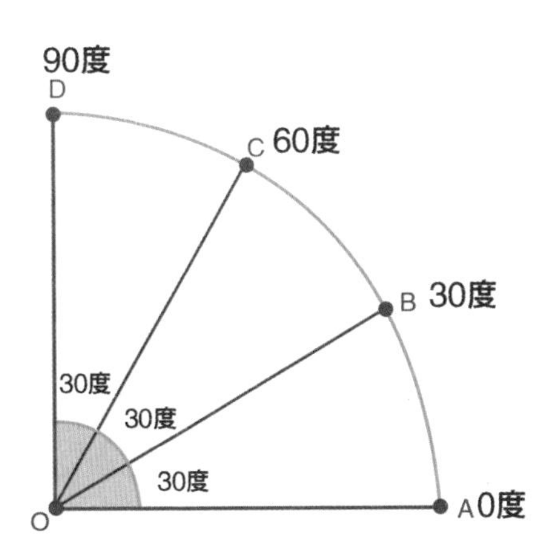

两个 30 度相加，也就是 60 度，而 OD 和 OA 的夹角等于 90 度。

再仔细观察这张图，它是什么的一部分呢？没错，它是一个圆的四分之一。

4 个 90 度相加就等于 360 度，360 度就是一个圆对应的角度。

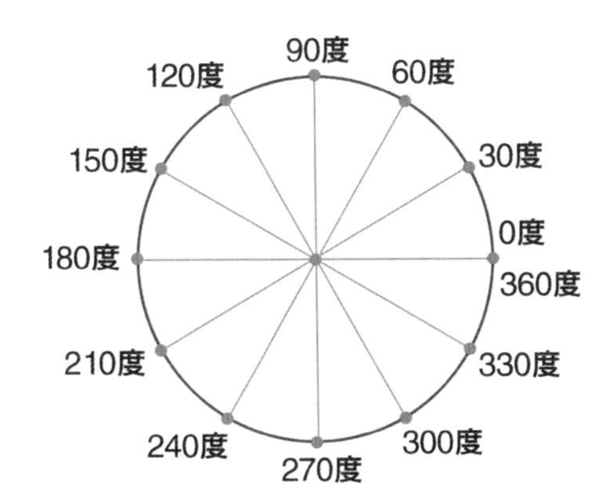

“寒老师，你给我们讲这些有什么用呢？”八戒一脸着急，“到现在我还是不知道，埃拉托斯特尼到底是怎么凭着一束阳光测出地球周长的。”

“别急嘛！你瞧，在夏至日正午，阳光会射进阿斯旺城里的一口深井中，这表明，在那一时刻，阳光是垂直射向阿斯旺城的。”

“这个我们也知道，但是它们的联系是什么呢？”小唐同学又问。

“你们看，就在同一时刻，在亚历山大港，阳光与竖直的木桩之间有一个角度，大概是7度。亚历山大港和阿斯旺相距800千米左右。为了让你们能更直观地认识这个问题，我们画一张图吧！”

“瞧，就是这样了。埃拉托斯特尼就是根据这张图算出地球周长的，你们知道了吗？”

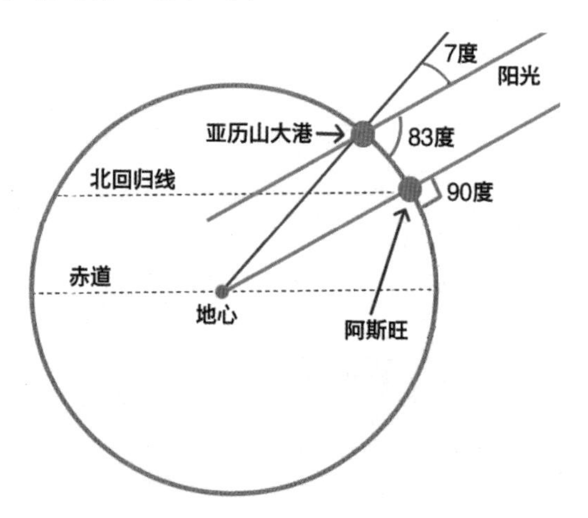

“知道什么呀？寒老师，你快一口气说完。”八戒紧盯着那张图，头也不抬地说。

“对呀，寒老师你快说！”小唐同学也催促道。

“想学数学又不想动脑筋，怎么能学好呢？”我站起来说，“走，咱们回去，这里的太阳太烈，晒坏了皮肤可不好。”

悟空也赞成我的想法，于是，我们又穿越到了原来的地方——那棵大杨树下。

一回来，我们顿时感到清凉了不少。此时，天已经黑了，我们不能再赶路，就准备在大杨树下睡一晚。

沙沙同学放下担子后，我们几人就分头去找干柴，准备点燃一堆篝火。之前，我们从集市上买了好多大馒头，等篝火点燃后，我们就准备烤馒头吃。

不一会儿，熊熊的篝火燃起来了。

我们一边烤着馒头，一边聊起地球的周长。

“我说你们别只盯着馒头，那个问题想出来了吗？”

“寒老师，能不能等我们把馒头吃完了再说？”八戒两眼不离火边的馒头。

“好吧，一心不可二用，吃完再说。”

半小时后，我们终于把馒头消灭干净了。可是，唐猴沙猪要么是打饱嗝，要么是摸肚子，谁也不提刚才的问题了。

“好吧，既然你们这么不积极，那么这个问题，咱们就作为一道考题，谁要是做不出来，后天就由谁来挑担子。”

“啊？”小唐同学急忙从地上坐起来，“寒老师，别别别，这个问题太难了。”

“那这样吧。”我说，“谁要是能做出来，下一次出题考试时，他免试！”

没想到，这个方案得到了唐猴沙猪的一致认可。

“好！”4个人异口同声地说。

说完，4个人开始思考起来。八戒和沙沙同学躺在火边的树叶堆上，用手当枕头，看着天，冥（míng）思苦想起来。

而小唐同学和悟空呢，则借着火光，在纸上写写画画。

夜空中，一些蝙蝠不时地飞过。

远处，稻田里，蛙声一片。

在八戒和沙沙同学的鼾声就要出现的时候，悟空大喊一声，跳了起来：“啊！我知道怎么算了！”

八戒和沙沙同学一听，惊得坐了起来，直愣愣地看着悟空。

而小唐同学呢，则是一脸失望，因为他刚才在很努力地思考，但还是被悟空抢先一步。

“悟空，你现在来给大家讲讲，你到底是怎么算的。”

“好！没问题！”悟空跳到箱子边，在箱子上铺了一张白纸，然后转身招呼道，“过来过来，你们还等什么，悟空老师开课啦！”

“为了让你们能一目了然，我再把寒老师画的图重新画出来！”悟空边说，边画起图来，“夏至日那天正午，太阳的倒影会出现在阿斯旺城里的一口深井中。这说明，那时阳光垂直照射到阿斯旺。而在亚历山大港，阳光与竖直的木桩有一个夹角（角a），大约7度。这告诉我们，地心与阿斯旺的连线，和地心与亚历山大港的连线，两条连线的夹角（角b）差不多也是7度。”

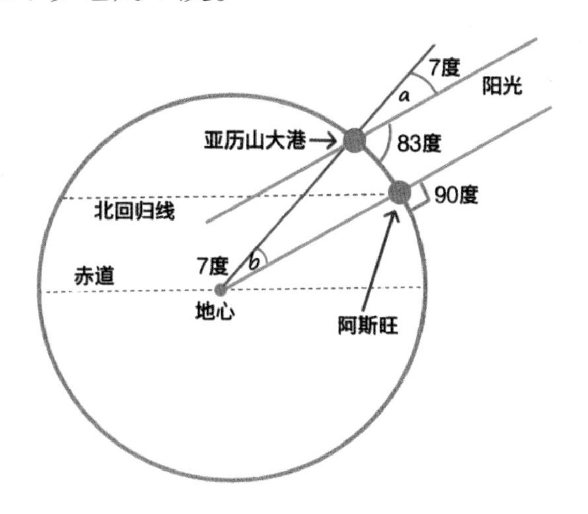

“凭什么呢？”八戒不解地问，“难道是你刚才去了地心一趟，测出来的？”

“这是因为，太阳照射到地球上的光线是平行的。看图，地心与亚历山大港的连线跟阳光的夹角是7度，那么，想象一下，如果地球是透明的，阳光能射到地心……”

“好吧，我明白了！”沙沙同学说，“那么然后呢？”

“然后……”悟空想了想说，“我先来问问你们，你们知道圆心角是什么吗？”

“这个我知道！”小唐同学指着图说，“顶点在圆心上的角叫作圆心角。在这个图里，角 b 就是圆心角。”

“没错！圆心角有这样一个性质：在同一个圆中，圆心角相同，对应的弧长也相同。亚历山大港和阿斯旺之间的距离大约是 800 千米，因此，两城市之间的弧长我们可以大致看作是 800 千米。”悟空继续解释道，“既然 7 度的圆心角对应的弧长是 800 千米，那么可以算出，1 度对应的弧长为 $800\div7\approx114$（千米）。360 度的圆心角对应的弧长相当于地球的周长，所以可以算出地球的周长为 $114\times360=41040$（千米）。”

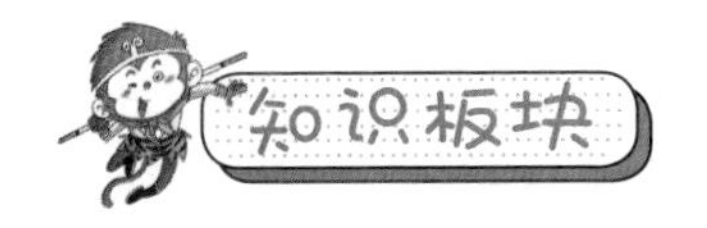

平行线的性质

同一个平面内，如果两条直线永远都不相交，而且它们也没有重合在一起，那么这两条直线就叫作平行线。

图中，A和B是两条平行线，这两条平行线和另一条线C相交，相交后出现很多角，比如角1、角2、角3……

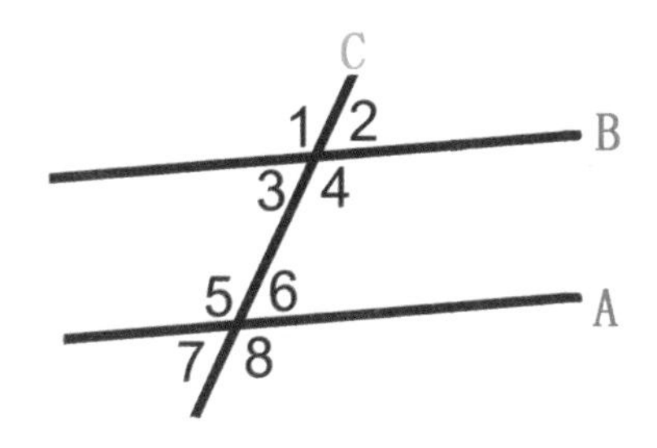

这些角都有什么性质呢？

仔细观察，你会发现，角1和角5的位置是相似的，这样的两个角叫作同位角。

平行线有一个重要的性质，这个性质是：如果两条平行线被第三条直线所截，那么同位角相等。

我们再回过头来看悟空画的图。太阳照射到地球上的光线是平行的，也就是说，在同一时刻，射向阿斯旺的一束光线和射向亚历山大港的一束光线是两条平行线，而地心与亚历山大港的连线与这两条平行线相交，角a和角b是同位角。根据平行线的同位角相等这一性质可知，角b也是7度。

大小水壶的难题

悟空讲解完后，小唐同学、八戒和沙沙同学纷纷看向悟空，沙沙同学更是一脸佩服的表情。

“看来，我以后不能叫你悟空了。”沙沙同学说，“得叫你悟空老师。”

“也行！”悟空自豪地说。

“行你个鬼！”小唐同学说，“不就是做出来一道题嘛，得意啥？睡觉！”

说完，大家哈哈笑了起来。

在一闪一闪的火光中，我们几人逐渐进入了梦乡。

第二天一早，我们继续向西进发。今天小唐同学挑担子，我瞧他慢吞吞的样子，就知道我们今天走不了多远。

慢慢悠悠，慢慢悠悠，终于到了中午，我们停下来休息。

“寒老师，你今天还有一件事没做呢。”悟空说。

“什么事？”

“决定明天谁挑担子。”悟空笑着说。

“哦，对哦，来来来，咱们做道题。”

小唐同学本来就累，一听，不高兴了：“悟空，你才免考一次，就这么猴急，真是的。”

“我哪儿急了，再说，反正这是迟早的事。”悟空争辩道。

“别吵了，注意听题！”我大声说，“题目是这样的……”

话说，有一户人家，院子里有一个大池塘，里面有很多水。这户人家呢，只有两个水壶，其中一个一次只能装5升水；另一个水壶要大一些，一次能装6升水。有一天，这户人家需要从池塘中取出3升水，请问，这户人应该怎么做？

题目一说完，大家就开始冥思苦想起来。

而悟空呢，一脸轻松，他一会儿蹦到八戒旁边，一会儿蹦到小唐同学旁边，不时地捉弄他们。

“哎呀呀，你们得快点儿想呀，八戒马上要想出来了！”悟空在一旁叫唤。

小唐同学一听，变得更紧张了，一紧张，脑子更乱了，于是生气地说：“悟空，你再干扰我思考，待会儿我做不出来，明天你替我挑担子！”

悟空一听，也觉得自己理亏，便安静地待在一边。

周围一下子变得很安静，八戒他们3人坐在地上，纷纷闭眼埋头，就像睡着了一样，但其实，他们内心紧张极了，大脑在高速运转中……

欲知后事如何，请看下一册——《揪出谎数字》。